AXEL BOJANOWSKI

# Die Erde hat ein Leck



GOLDMANN
Lesen erleben

*Buch*

Dem SPIEGEL-ONLINE-Journalisten und Geologen Axel Bojanowski gelingt es, komplexe Wissenschaftsphänomene verständlich darzulegen. Mehr noch: Er schickt seine Leser auf Entdeckungsreise, lässt sie mitforschen und mitstaunen. Bojanowski ist aber nicht nur ein erstklassiger Vermittler von Wissenschaft, sondern auch ein leidenschaftlicher Sammler von geowissenschaftlichen Raritäten und Phänomenen.

Vulkane, Tsunamis und Erdbeben, Rekordtemperaturen und Fracking, das Menschen-Zeitalter – wie seine regelmäßigen Beiträge auf SPIEGEL-ONLINE, die von einer großen Fangemeinde verfolgt werden, so vereinen auch die Geschichten in »Die Erde hat ein Leck« die wichtigsten Themen der Geowissenschaft und der Klimaforschung.

Autor

Axel Bojanowski, Jahrgang 1971, ist Diplom-Geologe und seit 1997 als Wissenschaftsjournalist tätig; zunächst freiberuflich, dann bei der *Süddeutschen Zeitung* und beim *Stern*, jetzt bei SPIEGEL ONLINE. Außerdem begründete er die Kolumne »In The Press« im international renommierten Wissenschaftsmagazin *Nature Geoscience* und arbeitet als Dozent. In seiner regelmäßig erscheinenden SPIEGEL-ONLINE-Kolumne »Graf Seismo« spürt er den größten Rätseln der Erde nach.

Von Axel Bojanowksi ist im Goldmann Verlag außerdem erschienen:

Nach zwei Tagen Regen folgt Montag

Axel Bojanowski

# Die Erde hat ein Leck

und andere
rätselhafte Phänomene
unseres Planeten

GOLDMANN

Die Karten und Grafiken aus dem Innenteil stammen von Peter Palm, Berlin (Seite 105 nach Vorlage von Sebastian Rost / ASU modifiziert), mit Ausnahme von: US Geological Survey, Denver (Seite 17) und Norbert Jürgens/Science dpa / picture-alliance (Seite 129).

Dieses Buch ist auch als E-Book erhältlich.

MIX
Papier aus verantwortungsvollen Quellen
FSC® C014496

Verlagsgruppe Random House FSC® N001967
Das FSC®-zertifizierte Papier *Holmen Book Cream* für dieses Buch liefert Holmen Paper, Hallstavik, Schweden.

1. Auflage
Taschenbuchausgabe September 2015
Wilhelm Goldmann Verlag, München,
in der Verlagsgruppe Random House GmbH

Typografie und Satz: DVA / Brigitte Müller
Umschlaggestaltung: UNO Werbeagentur, München
in Anlehnung an die Umschlaggestaltung der Originalausgabe
(www.buero-jorge-schmidt.de)
Umschlagabbildung: © Gary Waters / Corbis
KF · Herstellung: Str.
Druck und Einband: GGP Media GmbH, Pößneck
Printed in Germany
ISBN 978-3-442-47359-5
www.goldmann-verlag.de

Für meine Eltern

»Das schönste Glück des denkenden Menschen ist, das Erforschliche erforscht zu haben und das Unerforschliche ruhig zu verehren.«

*Johann Wolfgang von Goethe*

# Inhalt

## Vorwort

Auf mein erstes Buch, *Nach zwei Tagen Regen folgt Montag*, das im Frühjahr 2012 erschienen ist, habe ich zahlreiche inspirierende Reaktionen erhalten. Leser und Besucher meiner Vorträge erzählten von ihren Erfahrungen mit Naturgewalten und rätselhaften Phänomenen der Erde. Die vielleicht beste Frage hörte ich nach einem Vortrag in Mannheim, sie kam von einer Sechsjährigen: »Woher wissen Sie das?«, rief sie aus der sechsten Reihe in Richtung Bühne. Welch gute Frage! Auf Pressekonferenzen hört man so etwas eher selten. Journalisten erkundigen sich bei Wissenschaftlern meist nicht nach Grundlagen, sondern eher nach Ergebnissen und Folgerungen. Das erklärt womöglich auch, warum sich Forschungsberichte in den Medien so häufig als feststehende Erkenntnisse lesen, nicht aber als Ideen, Entdeckungen oder Indizien, um die es sich genau genommen in den meisten Fällen handelt. Erst die magische Kinderfrage »Woher wissen Sie das?« öffnet den Blick für die faszinierende Arbeit des Wissenschaftlers.

Kaum jemand freut sich allerdings, werden seine Ansichten öffentlich angezweifelt. Selbst Forscher reagieren nicht immer begeistert, wenn sie mit Wissenslücken konfrontiert werden. Auf einem Vortrag im voll besetzten Hörsaal der Universität

Leipzig berichtete ich den versammelten Geoforschern von Themen ihres Faches, die bei Lesern von SPIEGEL ONLINE auf besonderes Interesse stoßen. Ich legte dar, wie begeistert über Naturgewalten und ihre Mysterien diskutiert wird, sofern keine Wortungetüme und Zahlenkolonnen die Schönheit der Wissenschaft überdecken. Vor allem einige ältere Professoren im Leipziger Auditorium fremdelten jedoch mit meiner Darstellung. Der Fachbegriffe beraubt, erschienen ihnen ihre Studien nicht ehrwürdig genug.

Ich verstand diese Wissenschaftler sehr gut, teile ich doch ihre Begeisterung darüber, mit Begriffen und Zahlen den Blick für wissenschaftliche Details schärfen zu können. Doch Forschung kann ebenso leuchten, wenn Außenstehende sie mittels klarer Sprache verstehen können. Aufgabe der Wissenschaft sei es gar, tiefe Wahrheiten auf Trivialitäten zurückzuführen, sagte der Physiknobelpreisträger Niels Bohr zu Beginn des 20. Jahrhunderts. Vereinfachung diene Experten als Prüfung, meinte sein Zeitgenosse Albert Einstein: Wer seine Arbeit Laien nicht erklären könne, sagte der Physiker, der habe sie vermutlich gar nicht verstanden. Man solle Dinge so einfach wie möglich machen – aber nicht einfacher.

Schwer fällt die Berichterstattung über Wissenschaft mitunter, wenn sie Einfluss auf politische Entscheidungen hat. Wie zum Beispiel bei der Suche nach einer Erdschicht, die beweisen soll, dass das Anthropozän begonnen hat, das geologische Menschen-Zeitalter. Den Text darüber (Kapitel 37) habe ich zusammen mit meinem geschätzten Kollegen Christian Schwägerl geschrieben. Zurzeit wird hitzig über das Thema Fracking gestritten, über diese besondere Art der Erdgasförderung, und bei dieser Debatte gehen die tatsächlichen geologischen Kenntnisse oft unter (Kapitel 36). Ähnliches gilt für die Klimaforschung. Harmlos erscheinende Darstellungen über Temperaturen (Kapitel 13) lösen mitunter emotionale Ausbrüche aus. Auch mir wurde schon unterstellt, mit Berichten über Klimarätsel politische Umweltziele zu untergraben. Zum Beispiel nach einem Vortrag im niedersächsischen Oldenburg, als ein älterer Gymnasiallehrer mir vorhielt, ein »Klimaskeptiker« zu sein, der unberechtigte Zweifel an einem »Konsens der Wissenschaft« säen würde. Anstoß erregten meine Berichte über die Auswirkungen von Klimaschwankungen in der Geschichte. Auf die Vorhaltungen hin versuchte ich zu erläutern, dass faszinierende Phänomene nicht unbedingt in politische Debatten gezwungen werden müssten. Seit dem 19. Jahrhundert beispielsweise grübelten Wissenschaftler, warum die Nordhalbkugel wärmer ist als der Süden, jetzt haben sie eine Antwort (Kapitel 12). Politik ist aus meiner Sicht in solchen Texten meist fehl am Platz.

»Das ganz natürliche Motiv der Neugier auf das Verstehen der Natur ist hochlegitim«, betonte der von mir sehr bewunderte Wiener Klimatologe Reinhard Böhm zeit seines Lebens. »Lassen Sie sich nicht einreden, wir wüssten genug«, sagte er gegenüber Laien. »Trachten Sie stets, die Wissenschaft kritisch zu hinterfragen, seien Sie skeptisch, kontrollieren Sie auch das, was ich so alles behaupte.« Reinhard Böhm starb zur Bestürzung aller, die ihn kannten, im Oktober 2012 im Alter von nur 64 Jahren. Er forschte gerade auf einem Gletscher, als er einen Herzinfarkt erlitt. Um sich die Faszination an der Natur zu bewahren, helfe es, rauszugehen ins Gelände, so lautete Böhms Credo, der Wissenschaft am liebsten im Hochgebirge betrieb. Mir geht es ähnlich. Habe ich eine Zeit lang Studien gelesen, Interviews geführt und Texte geschrieben, fahre ich in die Natur. Dieses Vorwort schreibe ich auf der Azoren-Insel São Miguel, umgeben von aktiven Vulkanen und dem tosenden Meer. Für die Flugreise zu dem abgelegenen Atlantik-Archipel hatte ich rechtzeitig den Geologenplatz im Flugzeug reserviert: einen Fenstersitz vor der Tragfläche mit bester Sicht auf die Landschaft.

Beim Schreiben musste ich nun wieder an die Leipziger Professoren denken: Sie würden womöglich die Formulierung »Die Erde kippt« (Kapitel 1) infrage stellen, wo doch die wissenschaftliche Formulierung des Vorgangs »true polar wander« oder »Echte Polwanderung« laute. »Kippen« beschreibt jedoch erheblich klarer, welch erstaunlichem Vorgang Geoforscher auf die Spur gekommen sind: Mit einer Geschwindigkeit von 1700 km/h dreht sich die Erde am Äquator. Unwucht im Inneren des Planeten kann ihn aus der Balance bringen. Und genau das scheint derzeit zu geschehen, wie Sie im ersten Kapitel lesen können.

Jetzt fragen Sie vermutlich: Woher wissen Sie das? Woher kennen Sie diese dramatischen Vorgängen im Innern unseres Planeten und die anderen Rätsel der Erde in diesem Buch? Im Literaturverzeichnis habe ich die wissenschaftlichen Grundlagen meiner Geschichten aufgelistet.

*Axel Bojanowski, Ponta Delgada, im Januar 2014*

# 1

## Die Erde kippt

Mit 1700 km/h dreht sich die Erde am Äquator. Fliehkräfte beulen sie aus, platten sie an den Polen ab. Riesige Gesteinswobbel im Bauch des Planeten sorgen für Unwucht, die ihn aus der Balance bringt – und genau das scheint derzeit zu geschehen: Die Erde sucht ihr Gleichgewicht, sie kippt.

Mit einer neuen Methode haben Geoforscher um Bernhard Steinberger vom Helmholtz-Zentrum Potsdam das Taumeln des Planeten berechnet. Demnach ist die Erde zweimal in den vergangenen 100 Millionen Jahren so stark gekippt, dass Kontinente in neuen Klimazonen lagen. Und gegenwärtig neige sich der Planet erneut. Experten sprechen von »echter Polwanderung« – denn die Erde kippe gegenüber ihren Drehpolen.

Auch zuvor soll es bereits zwei solche dramatischen Neigungen gegeben haben: Vor 320 Millionen Jahren ist der Planet um 18 Grad verrutscht. Deutschland würde nach einem solchen Ereignis auf der Höhe der Sahara liegen. Und vor 550 Millionen Jahren, just als die komplexeren Lebewesen entstanden, scheint der Planet ebenfalls gekippt zu sein. Nordamerika etwa schob sich damals offenbar tief aus dem Süden auf den Äquator. Steinberger und seine Kollegen Pavel Doubrovine und Trond Torsvik von der Universität Oslo haben die Bewegung der Kontinente neu vermessen. Das größte Problem dabei war, die Verschiebung einzelner Erdplatten von der Bewegung der gesamten Erde zu unterscheiden. Zeigen geologische Spuren, dass einst alle Platten in dieselbe Richtung gerutscht sind, so deuten Experten das als Beleg für das Kippen des Planeten. Das Forscherteam rekonstruierte die Wege der Erdplatten anhand der Bewegungen des darunterliegenden zähflüssigen Erdmantels.

Als beste Spuren der Krustenplatten eignen sich sogenannte Hot-Spot-Vulkane: Die Erdplatte rutscht über eine Magmaquelle, die einem Schweißbrenner gleich Vulkane in den Meeresboden brennt. Die Vulkane erlöschen, sobald die Plattendrift sie vom Magma weggeschoben hat – auf diese Weise ist die Inselkette von Hawaii entstanden, die im Pazifik verrät, in welche Richtung sich der Meeresboden verschoben hat. Steinberger und seine Kollegen haben aber festgestellt, dass sich nicht nur der Meeresboden verschiebt, sondern auch die Magmaquelle darunter. »Das zeigen unsere Computersimulationen«, berichtet Steinberger. Grundlage hierfür waren Erdbebenwellen, die das Innere des Planeten gewissermaßen durchleuchtet haben und Strömungen zähflüssiger Gesteinsmasse unter den Erdplatten offenbaren, die die Platten mitschleppt wie Flöße. Überprüft hätten sie ihre Simulationen der Erdplattenbewegungen, indem sie die Ergebnisse mit geologischen Daten der Erdgeschichte abglichen, erzählt Steinberger. Die Ausrichtung magnetischer Minerale etwa, die sich nach dem Erdmagnetfeld richten, verrät die Drift der Kruste: Nach dem Erstarren von Magma zu Gestein haben eisenhaltige Partikel die Nordrichtung früherer Zeiten gewissermaßen eingefroren. Ihre heutige Position zeigt also, wie sich Erdplatten verschoben haben. Mit Steinbergers Simulationen lassen sich die Bewegungen auf der Erde bis zu 120 Millionen Jahre zurückverfolgen.

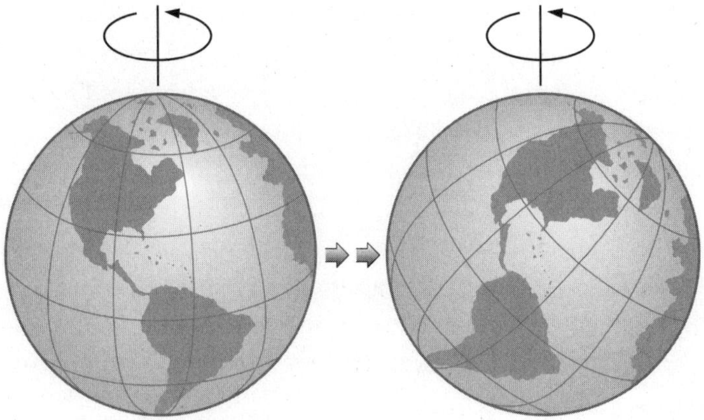

Echte Polwanderung: Unwuchten im Innern lassen die Erde gegenüber ihren Drehpolen kippen.

Und das Ergebnis lässt staunen: Um neun Grad sei der Planet jeweils vor 90 bis 60 und vor 60 bis 40 Millionen Jahren gekippt. Damals hat sich den Simulationen nach nicht nur die Erdkruste, sondern auch der darunterliegende Mantel gegenüber den Drehpolen verschoben; das unterstreiche ihr Ergebnis, meinen die Wissenschaftler. Ursache für die Kipp-Ereignisse waren vor allem zwei riesige Wobbel im Bauch der Erde, die noch heute für Unwucht sorgen: Unter Afrika und unter dem Pazifik zeigt die Durchleuchtung mit Erdbebenwellen zwei gewaltige Blasen teils geschmolzenen Gesteins. Sie haben sich im Lauf der Jahrmillionen in der Nähe des Äquators zwar eingependelt, sorgen aber immer noch für Ungleichgewicht und lassen die Erde schwanken. Der Planet kippt gemächlich, berichtet Steinberger, er neigt sich heute noch mit 0,2 Breitengraden pro Jahrmillion.

Erheblich schneller als die geografischen Erdpole ändern sich die Magnetpole, wie Geoforscher im nächsten Kapitel anhand alter Logbücher herausfinden. Ein Pol wandert derzeit mit etwa 50 Kilometern pro Jahr von Kanada nach Russland. Gleichzeitig schwächelt das Magnetfeld. Hält die rapide Abnahme des Feldes an, droht das Kippen der Pole. Die Folgen könnten schon in wenigen Jahren sichtbar sein.

# 2

## Das Zittern der Kompassnadel

Der unsichtbare Schutzschild der Erde wird durchlässiger. Bislang schirmt das weit in den Weltraum reichende Magnetfeld die Erde vor Strahlung aus dem All ab. Doch in den letzten 170 Jahren hat es sich stetig abgeschwächt. Hält die Entwicklung an, dürften sich die Pole in 2000 Jahren umkehren – die Kompassnadel zeigte dann nach Süden. Zuvor schon könnte ein Anstieg der kosmischen Strahlung das Leben auf der Erde gefährden.

Um zu klären, ob dieses Szenario wahrscheinlich ist, versuchen Forscher um David Gubbins von der Universität Leeds zu verstehen, wie sich das Magnetfeld in der Vergangenheit entwickelt hat. Anhand historischer Logbuchaufzeichnungen von Schiffskapitänen ist es ihnen gelungen, das Feld bis ins Jahr 1590 zu rekonstruieren. Grob lassen sich die Feldschwankungen sogar über Jahrmillionen zurückverfolgen. Wenn geschmolzenes Gestein erstarrt, schließt es seine momentane Magnetisierung ein – eisenhaltige Minerale zeigen stets nach Norden. Die Untersuchung solcher Felsblöcke zeigt, dass sich das Erdmagnetfeld im Durchschnitt alle paar Hunderttausend Jahre umpolt. Die letzte Inversion fand vor 780 000 Jahren statt. Was der Natur anscheinend nicht viel ausmacht, könnte für die

Menschheit zum Problem werden. Der hochenergetische Sonnenwind würde tief in die Atmosphäre eindringen und Schaltkreise von Computerchips stören. Besonders gefährdet wären Flugzeuge und Satelliten, Energie- und Kommunikationsnetze.

Schon heute hat sich das Magnetfeld an bestimmten Orten erheblich abgeschwächt. Flugpassagiere sind über dem Südatlantik einer Strahlung ausgesetzt, die tausendmal so hoch ist wie anderswo. Die Besatzung der Internationalen Raumstation empfängt in südlichen Breiten 90 Prozent ihrer Strahlendosis, obwohl sie dort nur zehn Minuten pro Tag unterwegs ist. Die Astronauten fürchten, dass sie während Reparaturarbeiten außerhalb der Station eine extreme Strahlendosis abbekommen könnten.

Die Veränderung des Magnetfelds können Forscher auch mit Satelliten nachvollziehen. Demnach hat es seit 1979 um 1,7 Prozent abgenommen, über dem Südatlantik um deutlich mehr. Die Ursache liegt im flüssigen Erdinneren. Große Temperaturunterschiede zwischen dem Kern und der Grenze zum Erdmantel lassen glutflüssige Eisenschmelze zirkulieren wie in einem Kochtopf. Die Erdrotation verwirbelt die Masse – wie bei einem Fahrraddynamo wird aus Bewegung Strom gemacht. Der Strom wiederum erzeugt das Erdmagnetfeld. Und weil sich die Eisenwirbel ungefähr parallel zur Erdachse ausrichten, befinden sich die magnetischen Pole fast immer in der Nähe der geografischen Pole. Die Schwankungen des Magnetfeldes an der Erdoberfläche sind somit ein Spiegel der gewaltigen Walzen im Inneren. Das Feld schwächt sich ab, weil Teile des Dynamos eine Gegenbewegung begonnen haben, wie Computersimulationen von Ulrich Christensen vom Max-Planck-Institut für Sonnensystemforschung zeigen. Je größer die sogenannten Antidynamos werden, desto schwächer ist das Magnetfeld. Gibt es irgendwann mehr Antidynamos als Dynamos, polt es sich um.

Der stärkste Antidynamo befindet sich derzeit im Erdkern unter dem Südatlantik. Dass das Magnetfeld in dieser Region gestört ist, können Schiffskapitäne auf dem Kompass ablesen. Zwar zeigt die Kompassnadel dort nach wie vor nach Norden, der Winkel zum Kompassboden, Inklination genannt, variiert jedoch in ungewöhnlicher Manier. Normalerweise steht die Kompassnadel an den Polen senkrecht, am Äquator waagerecht und in den Breiten dazwischen in entsprechender Mittelstellung. Ist das Magnetfeld wie im Südatlantik gestört, verändert sich die Inklination von Ort zu Ort in geradezu chaotischer Weise.

Dieses Phänomen haben David Gubbins und seine Kollegen genutzt, um das Erdmagnetfeld bis ins Jahr 1590 zu rekonstruieren. Sie werteten dazu die Angabe des Inklinationswinkels in den historischen Logbüchern aus. Aus den regionalen Unterschieden dieser Werte konnten die Forscher die Stärke des Magnetfeldes ableiten. Denn je mehr die Inklination in der Region schwankt, desto schwächer das Feld. Eindeutige Messdaten über die Feldstärke gibt es erst seit 1840; um etwa zehn Prozent hat sich das Erdmagnetfeld seither abgeschwächt. Zuvor war das Feld 250 Jahre lang recht stabil. Hauptgrund für das stärkere Magnetfeld sei gewesen, dass es seinerzeit noch keinen Antidynamo unter dem Südatlantik gegeben habe.

Dass die Abschwächung des Feldes just dann eingesetzt haben soll, als man in der Lage war, das Feld eindeutig zu messen, lässt manchen an der Zuverlässigkeit des Ergebnisses zweifeln. »Das könnte für Diskussionen sorgen«, sagt Karl-Heinz Glaßmeier, Geophysiker an der Technischen Universität Braunschweig. Sollte sich Gubbins' Ergebnis jedoch als korrekt erweisen, belegt es, dass das Magnetfeld in den letzten 170

Jahren ungewöhnlich rapide abgenommen hat. Es muss aber nicht so weitergehen: Magnetisierte Gesteine zeigen, dass das Feld vor etwa 6000 und vor 10 500 Jahren deutlich schwächer war und sich wieder erholte.

Wahrscheinlicher, aber kaum weniger riskant als eine Polumkehr erscheint eine extreme Wanderung der Magnetpole. Zur sogenannten Exkursion kommt es alle paar Zehntausend Jahre. Dabei laufen die Pole immer schneller Richtung Äquator – die Feldstärke sinkt dramatisch ab –, um nach einiger Zeit an ihren Ursprung zurückzukehren. Derzeit bewegt sich der magnetische Südpol, der sich in der Nähe des geografischen Nordpols befindet, mit etwa 50 Kilometern pro Jahr von Kanada nach Russland. Diese Strecke nahm er auch bei früheren Exkursionen – womöglich ist das schon ein Alarmsignal. Die Wanderung hat sich jedenfalls deutlich beschleunigt, ein Anzeichen, dass sich im Erdkern Strömungen verändern, sagt Tilo von Dobeneck, Geophysiker an der Universität Bremen. Sollte die Tendenz anhalten, wäre Mitte des Jahrhunderts regelmäßig bis nach Österreich Polarlicht zu sehen. Denn nahe den magnetischen Polen gelangt kosmische Strahlung tief in die Atmosphäre und bringt die Luft zum Leuchten.

Die Erde erzeugt nicht nur visuelle Reize, sondern auch akustische: In 60 verschiedenen Tonlagen brummt sie vor sich hin. Für das menschliche Ohr sind die Laute zwar nicht wahrnehmbar, im nächsten Kapitel aber lauschen Forscher dem Planeten mit speziellen Mikrofonen. Ihnen ist es gelungen, den Untergrund gewissermaßen zum Sprechen zu bringen – und ihm Geheimnisse zu entlocken.

# 3

## Eine Melodie von dieser Welt

Fast scheint es, die Erde wolle mit uns reden. In 60 Stimmlagen grummelt sie unentwegt vor sich hin – allerdings elf Oktaven zu tief, um vom Menschen wahrgenommen zu werden. Wissenschaftler jedoch lauschen dem Planeten: Im Stollen eines aufgegebenen Erzbergwerks nahe Schiltach im Schwarzwald etwa haben sie tief unter der Erde, wo kein Lüftchen die Messungen stört, hochempfindliche Sensoren installiert, die das stete Brummen aufnehmen. Und manche Melodie des Planeten konnten die Wissenschaftler entschlüsseln – erstmals werden Geheimnisse aus großer Tiefe verraten.

Ozeane beispielsweise lassen die Erde brummen: Breite Windfronten bringen das Wasser in Wallung. Wie bei einem Tsunami, nur viel schwächer, schwingt das Meer bis hinunter in die Tiefsee. Es massiert sozusagen den Grund. Der Boden gerät in Wallung wie eine extrem dicke Basssaite. Winterstürme verstärken das Brummen. Einer wabernden Seifenblase gleich beult sich die Erde alle paar Minuten um wenige Tausendstel Millimeter aus, dann zieht sie sich wieder zusammen. Wie schwach die Bewegung ist, verdeutlicht die Energieleistung: Obwohl sich der ganze Planet bewegt, erzeugt er nur 500 Watt, das entspricht der Leistung von fünf Glühbirnen. Die

Klangwellen schwingen äußerst langsam mit einer Frequenz von drei bis sieben Millihertz.

Mittlerweile ist es Wissenschaftlern sogar gelungen, mithilfe des Brummens, das in Fachkreisen Rauschen genannt wird, verborgene Gesteine tief im Bauch der Erde nachzuweisen. Die Schwingungen erleuchten gewissermaßen das Innere: Sie durchlaufen den Planeten, wobei manche an Schichtgrenzen abprallen wie an einer Wand. Bislang waren Geoforscher auf die sporadischen Wellen starker Erdbeben angewiesen, um den Aufbau des Erdinneren zu erforschen. Piero Poli von der Universität Grenoble und sein Team wiesen jedoch mithilfe des steten Brummens zwei markante Schichten in großer Tiefe nach: In 410 Kilometer Tiefe endet das leichtere Gestein des oberen Erdmantels. Darunter beginnt eine Übergangszone, in der Minerale so stark zusammengedrückt werden, dass sie dichtere Formen annehmen. In 660 Kilometer Tiefe folgt dann der schwere untere Erdmantel. Mysterien der Tiefe werden mit den Schichtgrenzen gleichsam sichtbar.

Um dem Brummeln des Planeten seine Aussage zu entlocken, mussten Piero Poli und seine Kollegen alle anderen Schwingungen des Bodens herausrechnen – eine verzwickte Sache: Die Erdoberfläche bewegt sich kontinuierlich, meist mit ähnlich schwacher Frequenz wie das Erdinnere. Mit Daten aus Sensoren im abgelegenen Norden Finnlands gelang es den Forschern aber nun, störende Wellen gleichsam auf null zu setzen: Sie eliminierten alle Muster in ihren Daten, die an Oberflächenwellen erinnerten, und übrig blieb das Brummen aus dem Bauch der Erde.

Die Zunft ist beeindruckt: »Die Kollegen waren die Ersten, die so mutig waren, nach diesen winzigen Signalen zu suchen«, sagt Rudolf Widmer-Schnidrig von der Universität Stuttgart.

Und Christoph Sens-Schönfelder vom Helmholtz-Zentrum Potsdam ergänzt: »Die Arbeit ist innovativ und richtungweisend.« Die seismischen Geräusche der Erde würden nun zu einem »Schlüssel«, um Strukturen in der Tiefe zu erkennen, meint German Prieto von der Universität Bogotá in Kolumbien. Die Klänge des Planeten könnten womöglich gar Erdbeben ankündigen, spekuliert David Schaff von der Columbia Universität. Eine extrem schwache Veränderung des Brummens könnte seinen Berechnungen zufolge auf gefährliche tektonische Spannungen deuten.

Aber noch lange nicht alle Melodien der Erde wurden entziffert. Rudolf Widmer-Schnidrig und seine Kollegen haben im Schwarzwald Geräusche aufgezeichnet, die nicht von den Wallungen der Ozeane stammen können. Die Erde schwingt demnach nicht nur auf und ab, sondern auch auf komplexe Weise hin und her – wie ein Ball, dessen obere Hälfte nach links und dessen untere Hälfte nach rechts verdreht wird, um dann in jeweils umgekehrter Richtung zurückzupendeln. Diese Schwingungen können nicht durch eine Massage der Erdkruste von oben nach unten entstehen. Sie werden von Kräften erzeugt, die waagerecht auf den Boden treffen. Der Boden wird also gedehnt. Welche Kräfte sind hier am Werk? Spekulationen gibt es viele: Stürme geladener Teilchen von der Sonne kämen infrage, meinten manche Forscher. Andere glaubten an Turbulenzen in der wässrigen Eisensuppe des Erdkerns als Auslöser. Auch das Drücken des Windes gegen Gebirgsketten wurde diskutiert. Vermutlich seien die Schwingungen der Erde jedoch zu stark, um derart erklärt werden zu können, meint Widmer-Schnidrig. Das Geheimnis ihrer vielstimmigen Melodie behält die Erde also für sich.

Einem anderen Geheimnis der Tiefe kommen Forscher im

nächsten Kapitel auf die Spur: Kilometer unter der Erde gedeihen rätselhafte Wesen. Wie können sie dort überdauern? Wissenschaftler gelangen zu einer geradezu dramatischen Erkenntnis: Die Kreaturen könnten der Ursprung des Lebens sein.

# 4

## Seltsame Wesen tief unter der Erde

Mehrere Kilometer unter unseren Füßen bewegen sich Lebewesen. Wo das lockere Erdreich hartem Fels gewichen ist, gedeihen Mikroben. Eingeschlossen im heißen Tiefengestein knacken die Wesen unbekannte chemische Verbindungen, um zu überleben – womit sie seit Urzeiten bestens über die Runden kommen. Sie bergen womöglich das Geheimnis des irdischen Daseins.

Forscher haben das Erbgut der Untergrund-Mikroben aus verschiedenen Weltregionen untersucht – und eine erstaunliche Entdeckung gemacht: 13 der Lebewesen gleichen sich, egal ob sie unter Südafrika, Indonesien oder im Boden des Pazifiks leben. Doch wie ist die nahe Verwandtschaft über Distanzen von bis zu 16 000 Kilometern zu erklären, wo sich die Mikroben doch in ihrem Leben kaum von der Stelle bewegen und kein Wind sie verweht? Wissenschaftler spekulieren, dass die Wesen sich in der Frühzeit der Erde an einem gemeinsamen Ort entwickelt haben und im Lauf der Jahrmilliarden mit der Drift der Kontinente in alle Welt verteilt wurden. Die Tiefenkreaturen könnten demnach die Urform des Lebens auf der Erde sein.

Es handele sich anscheinend um eine Kerngruppe von Mikroben, die an ganz unterschiedlichen Orten auftrete, sagte

Frederick Colwell von der Oregon State Universität. Colwell gehört zum internationalen Team »Census of Deep Life«, das es sich zur Aufgabe gemacht hat, sämtliche Entdeckungen von Lebewesen in größerer Tiefe zu erforschen und zu vergleichen. »Unsere Untersuchung zeigt, dass es zumindest sehr nahe Verwandte in der tiefen Erdkruste an Land und unter dem Meer gibt«, ergänzt Antje Boetius vom Meeresforschungszentrum Marum an der Universität Bremen. Ob die Mikroben vollkommen identisch sind, werde sich zeigen, wenn ihr gesamtes Erbgut verglichen ist. Für ihre Studie stützen sich die Wissenschaftler bislang auf die Analyse eines Teils des sogenannten ribosomalen DNA-Erbguts. Dieser Strang ähnelt sich fast gänzlich bei vielen Untergrundkreaturen weltweit.

Die Fähigkeiten der Wesen beeindrucken: Sie gedeihen bei bis zu 120 Grad in bis zu zehn Kilometer Tiefe, vermuten die Forscher. Die bislang tiefste Bohrung in den Ozeanboden im Pazifik vor Japan habe kürzlich noch aus 2,5 Kilometer Tiefe Leben zutage befördert, berichtet Kai-Uwe Hinrichs von der Universität Bremen. Der tiefste Fund stammt aus fast fünf Kilometer Tiefe in einer Goldmine Südafrikas, wo neben Bakterien auch ein Wurm entdeckt wurde. Die Kreaturen leben vollkommen unabhängig von der Welt über der Erde. »Wir können nur spekulieren, wovon sie leben«, sagt Antje Boetius. Erdgas komme infrage. »Das Verrückteste ist aber das unglaubliche Lebensalter der Zellen«, staunt die Forscherin. Sie bauten den lebensnotwendigen Kohlenstoff so langsam in ihren Organismus ein, dass die Zellen sich nur alle 100 bis 500 Jahre teilen könnten. Sie scheinen tot und sind doch lebendig.

Eine heiße These diskutierten die Forscher auf der AGU-Tagung: Der Ursprung des Lebens könnte nicht wie angenommen in Wassertümpeln gelegen haben, wo, von Sonnenenergie und Gewitterblitzen getrieben, aus einfachen Elementen Grundbausteine des Lebens entstanden sein sollen. Die Quelle irdischer Existenz hätte vielmehr in tiefen Spalten der Erdkruste gelegen, wo die Ursuppe besser geschützt gewesen wäre vor der extremen Strahlung und den Meteoriteneinschlägen der Frühzeit. Die Wesen der Tiefe wären also Relikte der Ursuppe.

Und sie haben beste Chancen, bis zum Ende dabei zu sein. Wenn die Sonne erlischt und alles Leben auf der Erde stirbt, könnten die Mikroben im Untergrund weiterleben. Die wahren Herrscher der Erde siedeln in der Tiefe. Diese Erkenntnis, meint Colwell, könnte ein entscheidender Hinweis sein bei der Suche nach Leben auf anderen Planeten.

Ihre Heimat scheint weise gewählt, denn oberhalb der Erdkruste wandelt sich die Umwelt deutlich gravierender. Sogar die Meere schwinden, bereits ein Viertel ihres Wassers ist entfleucht – teilweise ins All, staunen Forscher im nächsten Kapitel.

# 5

## Die Erde hat ein Leck

Der blaue Planet verliert sein Wasser. Bereits ein Viertel der Meere ist entschwunden. Es ist, als liefe die Erde langsam aus. Seit der Frühzeit vor knapp vier Milliarden Jahren haben sich die Ozeane um ein Viertel entleert. Das verschwundene Wasser könnte den gesamten Atlantik füllen – und den Meeresspiegel um 800 Meter heben.

In Westgrönland fanden Wissenschaftler um Emily Pope von der Universität Kopenhagen in uraltem Fels aus der Frühzeit der Erde Relikte früherer Ozeane. Sie entdeckten Serpentinit-Gestein, das sich unter hohem Druck im Meeresboden bildet – und Aufschluss gibt über das Wasser früherer Zeiten. Eine radioaktive Uhr verriet das Alter des Felsen: Wie der Sand in einer Sanduhr rieselt, so zerfallen radioaktive Substanzen im Gestein und erlauben eine Altersbestimmung: Im konstanten Rhythmus der sogenannten Halbwertzeit halbieren sich die radioaktiven Teilchen jeweils – ihre Menge zeigt also, wie alt ein Gestein ist. Das Gestein in Westgrönland gehört demnach zu den ältesten der Welt, es bildete sich vor 3,8 Milliarden Jahren auf dem Grund eines Urozeans – also etwa 700 Millionen Jahre nach der Entstehung der Erde.

Die Analyse der Minerale im Fels ergab Erstaunliches: Die

Zusammensetzung des Meeresgesteins unterschied sich deutlich von heutigen Proben. Insbesondere war deutlich weniger Deuterium enthalten, eine schwere Variante von Wasserstoff. Wasserstoff bildet zusammen mit Sauerstoff Wasser. Das schwere Deuterium bleibt übrig, wenn Wasser verdunstet oder mit anderen Stoffen reagiert; was letztlich eine Frage der Masse ist, leichterer Wasserstoff entfleucht eben leichter. Je mehr Wasser den Meeren entzogen wird, desto größer wird also der Anteil an Deuterium im Meer. So ergibt sich eine einfache Formel: Je weniger Deuterium im Vergleich zu leichterem Wasserstoff im Gestein vorkommt, desto mehr Wasser schwappte in den Meeren. Deuterium dient Wissenschaftlern demnach als Fingerabdruck urzeitlicher Ozeane – die ihren Analysen zufolge um ein Viertel größer waren, berichten Emily Pope und ihre Kollegen.

Aber wohin ist das Wasser verschwunden? Die Forscher haben zwei Leckagen ausgemacht: das Weltall und den Untergrund der Kontinente. Ins Weltall verschwanden große Mengen Wasserstoff. Bakterien spalten Wasser auf, sodass Wasserstoff als Bestandteil von Methangas in die Luft entschwindet. Das Gas stieg in der Urzeitluft bis in die Stratosphäre, wo es von energiereicher Sonnenstrahlung in seine Einzelteile zerlegt wurde. Wasserstoff als leichtestes Element überhaupt entschwebte daraufhin ins All – und konnte nicht wieder als Wasser in die Ozeane zurückkehren.

Das andere Leck war die Entstehung der Urzeitkontinente: Tief im Meeresgrund verbindet sich Wasser mit Mineralen, wobei vorzugsweise der leichtere Wasserstoff eingebaut wird – das schwere Deuterium bleibt zurück. Umwälzungen im Erdinneren befördern die Minerale schließlich in die Knautschzonen der Erdplatten, wo Vulkane die Minerale ausspucken, bis diese schließlich zu Erdkruste erstarren. Anstatt als Wasser im Meer zu schwappen, lagern die Wasserstoffteilchen also nun im Gestein der Kontinente.

Beide Leckagen der Erde sind heute allerdings kleiner als in der Urzeit. Zwar entstehen auch heute neue Landmassen, gleichzeitig werden aber auch Kontinente von Wind und Wetter ausgewaschen, sodass der Wasserstoff als Wasser auch zurück ins Meer gelangt. Dass heute weniger Wasserstoff ins All entfleucht als früher, liegt an einer anderen Gasmischung in der Atmosphäre: »Heute gibt es weitaus mehr Sauerstoff in der Luft«, erläutert Emily Pope. Wasserstoff verbinde sich deshalb leicht mit Sauerstoff und »fällt als Wasser zurück zur Erde«. Dennoch, ganz geschlossen ist das Leck nicht: Noch immer entschwinden neuesten Schätzungen zufolge jährlich knapp 100 000 Tonnen Wasserstoff ins All. Die Meere werden kleiner – allerdings nur noch um den winzigen Bruchteil eines Millimeters pro Jahr.

Aus dem All betrachtet scheint es kein Wunder, dass die schmale Hülle der Erde durchlässig ist, so zart wirkt der hellblaue Schimmer der Atmosphäre. Im nächsten Kapitel zeigen Umweltforscher, dass die Lufthülle unseres Planeten sogar zu atmen scheint wie ein Lebewesen.

# 6

## Die Erde atmet

Die Bilder von Maximilian Reuter zeigen Faszinierendes: Der Umweltphysiker von der Universität Bremen hat Satellitendaten der vergangenen zehn Jahre aufbereitet, die den Luftwechsel der Erde erkennbar werden lassen. Im Wandel der Jahreszeiten scheint der Planet zu atmen wie ein lebendiger Organismus.

Überlagert wird der jährliche Zyklus jedoch von der steten Anreicherung des Treibhausgases Kohlendioxid $CO_2$, das mit Abgasen aus Fabriken, Kraftwerken und Autos in die Atmosphäre gelangt und die Luft wärmt. Die $CO_2$-Menge hat bereits die Schwelle von 400 Molekülen pro einer Million Luftteilchen (parts per million, ppm) erreicht. Vor der Industrialisierung im 19. Jahrhundert verharrte der Wert bei 280 ppm.

Satelliten messen die Gase in der Atmosphäre: Sie registrieren das Sonnenlicht bis in den langwelligen Infrarotbereich. Je mehr Gase in der Luft schweben, umso stärker wird das Licht gefiltert, die gemessenen Farben werden blasser. Jedes Gas absorbiert andere Wellenlängen, sodass es im Farbspektrum sein Kennzeichen hinterlässt. Maximilian Reuter und sein Kollege Michael Buchwitz haben sämtliche Daten des europäischen Satelliten »Envisat« ausgewertet, der bis 2012 zehn Jahre lang im Dienst war.

Ihr Film liefert Aufschluss über den Rhythmus des Lebens: Wachstumszyklen der Pflanzen erklären das »Atmen« der Lufthülle: Wachsen ihre Blätter, binden die Gewächse $CO_2$ – der Treibhausgasanstieg verlangsamt sich. Im Winter hingegen überwiegt die Freisetzung des Gases aus Böden, Vulkanen oder der Atmung von Tieren und Menschen. In den Tropen, wo die Jahreszeiten schwach ausfallen, schwankt die $CO_2$-Menge kaum. Auch über den ausgedehnten Ozeanen der Südhalbkugel variiert das Treibhausgas in der Luft wenig. Methan reichert sich vor allem im Hochsommer und Herbst an, wenn beispielsweise in feuchten Reisfeldern und Sümpfen Pflanzenreste verfaulen.

Die Satellitendaten sollen klären, wie viel Gase die Vegetation bindet. Die Kenntnisse sind ungenau, sodass Klimaprognosen auch in dieser Hinsicht zu unterschiedlichen Ergebnissen kommen. Wird die Pflanzenwelt die Klimaerwärmung abmildern? Oder ist ihre Fähigkeit zur Aufnahme von Treibhausgasen bald erschöpft? »Die Schwankungen von Jahr zu Jahr sind sehr hoch«, berichtet Buchwitz. Klimamodelle unterschätzten die Variationen. »Um die Simulationen zu verbessern, wollen wir verstehen, warum es die Unterschiede gibt«, sagt der Umweltforscher, der am Projekt »Climate Change Initiative« der Europäischen Raumfahrtagentur ESA und des Deutschen Zentrums für Luft- und Raumfahrt (DLR) beteiligt ist. »Wenn wir wissen wollen, wie sich das Klima der Erde in den kommenden Jahren verhält, müssen wir uns ein Bild der Vergangenheit machen und das Verhalten der Treibhausgase über Jahre studieren«, ergänzt sein Kollege Achim Friker vom DLR.

Auch die Daten zum Methangas verwirren die Experten: Bis 2007 blieb die Menge im Jahresdurchschnitt recht konstant, lediglich das »Atmen«, also die jahreszeitlichen Schwankungen, wurden aufgezeichnet. Seither jedoch sammelt sich mehr

Methan in der Luft, das den Treibhauseffekt verstärkt. »Über die Quellen herrscht Unklarheit«, sagt Buchwitz. Womöglich setzen die Förderung von Erdgas oder die Viehhaltung vermehrt Methan frei.

Die Konzentration von $CO_2$ war zuletzt immer schneller gestiegen. Mitte der 1960er Jahre stieg die Kurve pro Jahr um 0,7 ppm. Mitte der 1980er Jahre wurde der Grenzwert von 350 $CO_2$-Teilchen überstiegen. Mittlerweile beträgt der Anstieg pro Jahr zwei bis drei $CO_2$-Moleküle pro Million Luftteilchen. Der Mensch hat den $CO_2$-Gehalt der Luft damit mittlerweile um mehr als 40 Prozent erhöht.

Wie stark das zusätzliche Treibhausgas die Erde bislang schon erwärmt hat, ist umstritten. Die Durchschnittstemperatur der Erde in Bodennähe ist in den vergangenen 130 Jahren um 0,8 Grad gestiegen. Der vorherrschenden Deutung zufolge ist $CO_2$ für zwei Drittel der Temperaturzunahme verantwortlich.

Ein Großteil des $CO_2$ landet in den Ozeanen, sie bedecken zwei Drittel der Erde – und bieten Stoff für zahlreiche Rätsel. Beispielsweise fluten immer wieder Tsunamis die Küsten, ohne dass es zuvor Seebeben oder Unterwasserlawinen gegeben hätte. Anscheinend kann auch die vibrierende Lufthülle der Erde riesige Wellen auslösen, wie das nächste Kapitel zeigt.

# 7

## Tsunami nach Schluckauf

Am 27. Juni 2011 ereignete sich im Südwesten Englands eine rätselhafte Überschwemmung. Eine 80 Zentimeter hohe Flutwelle setzte Buchten unter Wasser; Fischerboote kamen nicht gegen die starke Strömung an, drehten sich im Wasser. Die örtlichen Medien meldeten erstaunliche Vorgänge: »Flüsse änderten ihre Richtung, Fische sprangen aus dem Wasser, Menschen standen die Haare zu Berge.« Was war passiert?

Von einem »seltenen Ereignis« sprach ein ratloser Meeresforscher. Experten am EMU-Institut für Ozeanografie in Portsmouth glaubten zunächst, ihre Instrumente seien kaputt. »Die Meerespegel schwankten viel stärker als normal«, sagt Robin Newman. »Doch bald erkannten wir, dass es eine lange Welle war, die von Ost nach West strömte – wir hatten einen Tsunami entdeckt.«

Da kein Seebeben gemessen worden war, glaubten die Experten zunächst an eine Unterwasserlawine vor der Küste Großbritanniens, die die Wellen losgetreten hätte. Eine Klippe im Meer südwestlich Englands wurde als Schauplatz der Rutschungen vermutet. Wo sich das Flachmeer in die Tiefsee senkt, schießen manchmal Schlammpakete hinab. Für den 27. Juni 2011 aber schied die Region als Verursacher aus, erklärt der Britische

Geologische Dienst BGS: Die Tsunamis seien im östlichen Teil Südwestenglands höher gewesen als im westlichen – der Ursprung der Wellen liege folglich im Osten der britischen Insel. Dort jedoch, im Ärmelkanal, gebe es kaum instabile Hänge, die als Quelle für solche Tsunami-Lawinen infrage kämen. Zudem hätten Flutwellen aus dem Osten den Südwesten der Insel wohl kaum erreicht, meint der BGS. Hangrutschungstsunamis breiten sich nicht so weit aus wie Flutwellen, die von schweren Seebeben losgetreten wurden. Aus dem Ärmelkanal kommend, hätten sie vermutlich nur die Küsten im Südosten Englands getroffen, erklärt der BGS. Überflutet wurden am 27. Juni jedoch Buchten im Südwesten zwischen Portsmouth und Penzance.

Der Blick auf die Wetterkarte brachte die BGS-Experten auf eine neue Spur: Am fraglichen Tag zogen Sturmfronten mit Gewittern über England; das Tennisturnier in Wimbledon musste mal wieder wegen Regen und Sturm unterbrochen werden. Dass manchen Leuten an den überfluteten Buchten die Haare zu Berge standen, sei ein Hinweis auf Gewitterblitze, deren Entladungen bisweilen entsprechende Auswirkungen auf Frisuren hätten, berichtete der BGS: »Unsere Folgerung ist, dass der Tsunami eine meteorologische Ursache hat.« Vermutlich habe eine Sturmböe die Flutwelle verursacht. Es handelte sich demnach um einen sogenannten Meteotsunami, ein seltenes Naturphänomen, das wenig erforscht ist.

Üblicherweise verursachen Seebeben oder Hangrutschungen am Meeresgrund Tsunamis. In den letzten Jahren jedoch mehrten sich Hinweise, dass auch Luftvibrationen Flutwellen auslösen können. Forscher um Ivica Vilibic vom Institut für Ozeanografie im kroatischen Split hatten Flutwellen weltweit als Meteotsunamis identifiziert. Wie genau die Wogen entstehen, ist noch nicht bewiesen. Klar ist aber: Das Meer muss bis in große Tiefe in Wallung geraten, um große Wassermengen mit starker Strömung an die Küsten zu spülen. Vermutlich müsse starker Wind auf Meereswellen treffen, die mit ähnlicher Geschwindigkeit unterwegs sind, meint Vilibic, dann könnten Luft und Wasser sich gegenseitig aufschaukeln. Um das Meer bis in große Tiefe in Wallung zu bringen, müsse der Gleichklang von Luft und Wasser einige Zeit anhalten. Gefährdet seien vor allem enge Buchten, in denen der Wasserspiegel normalerweise kaum schwanke, sagt Vilibic. Im Mittelmeer seien vor allem Orte auf Sizilien, Malta und in der Türkei bedroht. »Meteotsunamis können dort höher werden als sechs Meter«, sagt Vilibic. In engen, flachen Buchten werden sie gestaucht – und türmen sich auf.

Am 7. Mai 2007 traf es mehrere bulgarische Städte. Meterhoch standen Ortschaften an der Westküste des Schwarzen Meeres unter Wasser. Die Tsunamis warfen Schiffe wie Blechdosen umher und wuschen tonnenschwere Eisenpoller von den Sturmflutmauern im Hafen der Stadt Kavarna. Vilibic glaubt beweisen zu können, dass ein Schluckauf der Atmosphäre diesen Tsunami eingeleitet hatte. Der Forscher hat die Ereignisse vor der Überflutung mit einem Computermodell rekonstruiert. Eigentlich schien an jenem 7. Mai nichts auf Riesenwellen hinzudeuten, es herrschte angenehmes Frühlingswetter an der bulgarischen Küste: 18 Grad, Sonnenschein und eine frische Brise. Doch über dem Meer braute sich den Berechnungen zufolge Tsunami-Wetter zusammen. Kühle Luft blokkierte aus Südwesten heranströmende Warmluft, die nach oben ausweichen musste. An der Grenze der Luftmassen bildeten sich Wirbel. Es entstanden Luftdruckschwankungen von wenigen Hektopascal, die sich nach unten zur Meeresoberfläche durchpausten. Die vibrierenden Luftmassen wären unbemerkt vorübergezogen – wären sie nicht auf Meereswellen mit ähnlicher Geschwindigkeit getroffen. Luft und Wasser schaukelten sich gegenseitig auf, sodass 20 Zentimeter hohe Wellen entstanden.

Doch nicht ihre Höhe, sondern ihre Länge macht Tsunamis gefährlich. Sobald die Wassermassen eine enge, flache Bucht erreichen, werden sie gestaucht und türmen sich auf. Vilibic ist »nahezu hundertprozentig sicher«, dass das Wetter die Tsunamis am 7. Mai 2007 verursacht hat. Andere Experten halten jedoch nach wie vor auch eine Unterwasserlawine als Ursache für die Riesenwellen am Schwarzen Meer für möglich. »Es muss nicht unbedingt ein Meteotsunami gewesen sein«, sagt Boyko Ranguelov von der Bulgarischen Akademie der Wissenschaften in Sofia. Der Geophysiker hatte eine Lawine als Ursache identifiziert, kam dann aber zusammen mit Vilibic zu dem Ergebnis, dass auch Wetterschwankungen die Ursache der Wellen gewesen sein könnten.

Für einen Meteotsunami spricht das Wetter an jenem Tag. Andererseits hätte ein Meteotsunami eigentlich einen breiteren Küstenabschnitt am Schwarzen Meer fluten müssen, meint Ranguelov – denn ein großes Gebiet war von der Wetterfront betroffen. Von Unterwasserlawinen ausgelöste Wellen hingegen blieben erfahrungsgemäß oft auf einzelne Buchten beschränkt – so wie am 7. Mai 2007. Das größte Problem mit der Meteotsunami-Theorie sieht der Geophysiker jedoch darin, dass das passende Wetter recht oft vorkomme. »Es müsste eigentlich häufiger Meteotsunamis geben«, sagt Ranguelov. Wobei es von den meisten Meteotsunamis vermutlich keine Berichte gibt, weil viele in unbewohntem Gebiet vorkämen.

Diverse Fluten ließen sich am ehesten mit Wetterschwankungen erklären: 1954 kamen nach Ansicht des Wissenschaftlers in Chicago mehr als fünf Personen um, nachdem sich ein Meteotsunami aus dem Michigansee erhoben und Teile der Stadt überschwemmt hatte. Am 21. Juni 1978 wurde der kroatische Küstenort Vela Luka offenbar von einem Meteotsunami geflutet. In Japan ertranken 1979 mehrere Menschen in Nagasaki bei einem ähnlichen Ereignis. Auch in Neuseeland, China und Finnland habe es wetterbedingte Riesenwellen gegeben. 2007 und 2008 sollen Wetterschwankungen bis zu vier Meter hohe Wellen ausgelöst haben, die Orte an der Adria unter Wasser setzten; zahlreiche Boote, Autos und Häuser wurden zerstört. Selbst eine der größten Tsunami-Katastrophen überhaupt könnte laut Vilibic teilweise auf Meteotsunamis zurückzuführen sein: Nach dem Ausbruch des indonesischen Vulkans Krakatau im Jahr 1883 ertranken Zehntausende Menschen in den Flutwellen. Möglicherweise haben nicht nur die Gesteinslawinen der Eruption die Tsunamis entfacht. Der Knall, der noch in 5000 Kilometer Entfernung zu hören war, könnte den Luftdruck schlagartig verändert und Meteotsunamis ausgelöst haben. Das würde erklären, warum die Wellen so schnell an den Küsten eintrafen, meint Vilbic.

Die Entdeckung der Meteotsunamis erklärt Flutwellen, für die Forscher bislang keine Ursache fanden. Andere Wellen, die scheinbar von Erdlawinen ausgelöst wurden, könnten die Folge eines atmosphärischen Schluckaufs sein, glaubt Vilic. Der Forscher sucht in Wetterdaten nach möglichen Warnsignalen für die Wetterwellen. Möglicherweise lasse sich bedrohliches Vibrieren an der Grenze zweier Luftschichten rechtzeitig erkennen. Andere Experten sind vorsichtiger: Meist seien Seebeben und Rutschungen für Tsunamis verantwortlich, sagt der Geophysiker Stefano Tinti von der Universität Bologna. Zudem seien Wellen, die von Seebeben verursacht werden, weitaus gefährlicher – sie richteten mitunter ozeanweit Verwüstungen an. Trotzdem müssten Risikogebiete für Meteotsunamis nun identifiziert werden, fordert Vilibic. Denn während andere Tsunamis sich oft durch Seebeben ankündigen, kommen Meteotsunamis vollkommen überraschend. Und in manchen Regionen sorgen Berge dafür, dass die Atmosphäre regelmäßig Schluckauf hat – damit steigt das Risiko für Meteotsunamis. So erzeugten die Alpen bei Nordwestwind Luftdruckwellen, die an der kroatischen Küste für Überschwemmungen sorgen könnten – wie in Vela Luka 1978.

In manchen Buchten verstärken lokale Besonderheiten die Wellen. Im Hafen von Ciutadella auf der spanischen Insel Menorca etwa werden Wellen an der Küste reflektiert, sodass sie einlaufende Wogen verstärken. In dem Ort ist das Phänomen als »Rissaga« bekannt; es scheint sich dabei um Meteotsunamis zu handeln, meint Vilibic. Was war geschehen? Schon Stunden bevor Ciutadella am 15. Juni 2006 überschwemmt wird, stehen die Zeichen auf Unheil: Aus Arabien weht Luft Richtung Spanien, die aber über dem Mittelmeer von einer anderen Luftströmung aus der Sahara blockiert wird. Die Luft aus Arabien weicht nach oben aus. Es entstehen unmerkliche Luftdruckschwankungen von wenigen Hektopascal. Der atmosphärische Schluckauf bewegt sich langsam nach Norden. Wetterdaten zeigen, dass rund eine Stunde vor einer Riesenwelle der Luftdruck in Menorca plötzlich um rund drei Hektopascal ansteigt, um nach wenigen Minuten wieder auf den ursprünglichen Stand abzufallen.

Die Druckwelle wäre vollkommen ungefährlich, träfe sie nicht bisweilen vor den Balearen auf gleich schnelle Meereswellen. Luft und Wasser geraten in Resonanz und schaukeln sich auf. Noch immer ist das nicht als akute Bedrohung zu erkennen, denn höher als 20 Zentimeter werden die Wogen nicht. Sobald die Wellen aber die enge und flache Bucht von Ciutadella erreichen, werden sie sowohl an den Küsten als auch am Meeresboden gestaucht – und türmen sich deshalb meterhoch. Die Brecher würden die Küste allerdings nicht erreichen, wäre nicht eine weitere Voraussetzung erfüllt: Die Bucht von Ciutadella verfügt über genau die richtige Länge dafür – Wellen, die an der Küste reflektiert werden, löschen einlaufende Wogen nicht aus, sondern verstärken sie eher.

Auch in England wurden 2011 vor allem Buchten geflutet, beispielsweise die trichterförmige Mündung des Flusses Yealm östlich von Plymouth. »Auf einmal änderte der Fluss seine Richtung«, erzählte ein Augenzeuge: »Alle Boote hüpften umher, Fische sprangen aus dem Wasser.« Mittlerweile haben Meteorologen in ihren Archiven Hinweise auf ähnliche Tsunamis in Südengland in den Jahren 1892 und 1929 gefunden. Ein Wanderer in Cornwall staunte: »Wie ein reißender Fluss strömte die Flut über den Damm.«

Erheblich dramatischer verlief eine plötzliche Flut an einem Strand in Portugal. Eine riesige Welle hat dort sieben Menschen vom Strand gerissen. Im nächsten Kapitel erklären Forscher, welche Küsten von Extrembrechern bedroht sind.

# 8

## Monsterwellen am Strand

An einem Strand in Portugal hat eine große Welle im Dezember 2013 sieben Studenten ins Meer gerissen. Nur einer konnte sich an Land retten, die anderen sind ertrunken. Das Unglück am Meco Beach unweit von Lissabon beschäftigt auch Wissenschaftler, die das Risiko durch Monsterwellen ergründen. Ihre Daten zeigen, dass Riesenwogen an Küsten häufiger sind als angenommen.

Erzählungen über plötzlich auftauchende Wasserwände galten bis in die 1990er Jahre als Seemannsgarn. Satellitenmessungen zeigten jedoch Erstaunliches: Im Nordatlantik erheben sich demnach zwei bis drei Monsterwellen pro Woche. Neun Schiffsunglücke durch Riesenwogen seien allein von 2006 und 2010 dokumentiert, berichten Irina Nikolkina von der Tallinn Universität für Technologie und Ira Didenkulova von der Russischen Akademie der Wissenschaften.

Diverse Unfälle der vergangenen Jahre werden auf die Wogen zurückgeführt: Eine 25-Meter-Welle etwa ließ am 22. Februar 2001 die »Bremen« havarieren. Der Tanker »Prestige« sank im Herbst 2002 vermutlich auch wegen einer Riesenwoge. Im April 2005 wurde das Passagierschiff »Norwegian Dawn« von einem 20-Meter-Brecher beschädigt. Im Juni 2008 versenkte eine Monsterwelle ein japanisches Fischerboot; 16 Seeleute ertranken. Im März 2010 starben zwei Passagiere an Bord des Kreuzfahrtschiffs »Louis Majesty«, nachdem das Schiff von einer Riesenwelle getroffen worden war.

Weitaus häufiger allerdings komme es im küstennahen Flachwasser, wo mehr Verkehr herrscht, zu Zwischenfällen mit Extremwogen, berichten Nikolkina und Didenkulova: Von 2006 bis 2010 haben sie 69 Monsterwellen in Wassertiefen von bis zu 50 Metern gezählt; 39 davon direkt an der Küste. Insgesamt starben 50 Menschen an der Küste durch Monsterwellen, berichten die Forscherinnen.

Beispiele für derartige Monsterwellen in Küstennähe:

- Am Strand von Costa Rica ertranken am 11. Juni 2006 drei Studenten und ihr Lehrer im Meer, nachdem eine Welle sie vom Strand gewischt hatte. Nichts habe auf das Unglück hingedeutet; es sei bis dahin »ein perfekter Tag zum Schwimmen gewesen«, berichteten Augenzeugen.
- In Südkorea starben am 4. Mai 2008 acht Menschen durch eine fünf Meter hohe Welle, die sich plötzlich auf die Küste geworfen hatte.
- Am 13. Februar 2010 überschwemmten zwei sechs Meter hohe Monsterwellen ein Surfer-Festival im kalifornischen Mavericks; 13 Anwesende wurden schwer verletzt.
- Im ostaustralischen Avoca Beach wurden am 2. Februar 2006 zwei Angler ins Meer gerissen, sie ertranken. Ebenso erging es im selben Jahr zwei Kindern in Sudak auf der Halbinsel Krim in der Ukraine, einer Mutter und ihrem Kind in Arcata in den USA und zwei Touristen, die an der hawaiischen Küste spazierten.

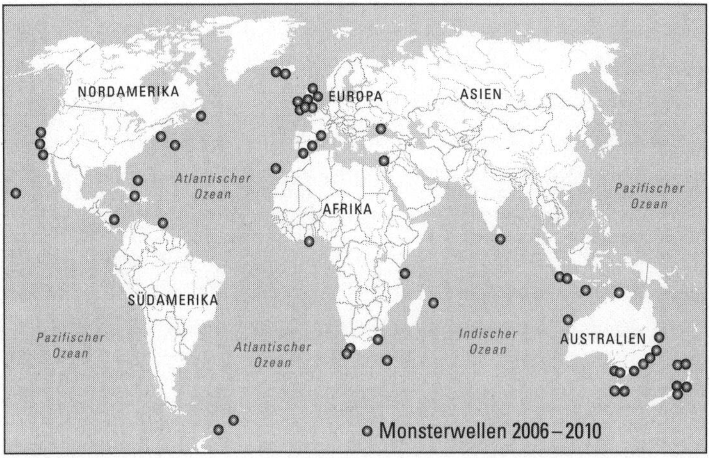


Weltkarte bekannter Unfälle mit Monsterwellen in Küstennähe von 2006 bis 2010: 78 Unfälle wurden in den fünf Jahren aufgezeichnet, neun in tiefem Wasser, 30 in Gewässern unter 50 Meter Tiefe und 39 direkt an der Küste. Deutsche Küsten gelten als ungefährdet, sie sind flach, die Brandung vergleichsweise schwach. In der offenen Nordsee hingegen wurden Monsterwellen dokumentiert.

Die Ereignisse überraschten auch Experten: »Monsterwellen im Flachwasser sind ein großes Rätsel«, sagt Wellenforscher Norbert Hoffmann von der Technischen Universität Hamburg. Sie seien unvorhersehbar. Die Form von Küste und Meeresboden, Strömungen und Wetter spielten eine Rolle. Doch welche Voraussetzungen müssen genau gegeben sein?

Prinzipiell entstünden die Brecher auf gleiche Weise wie ihre Verwandten im offenen Meer, sagt Wolfgang Rosenthal vom Helmholtz-Zentrum Geesthacht, ein Pionier der Monsterwellenforschung. Die Brecher – auch »Freak Waves« genannt – erheben sich beispielsweise, wenn eine hohe Woge eine zweite von ähnlicher Wellenlänge einholt und sich mit ihr vereint. Auch wenn Wellenfelder aus unterschiedlichen Richtungen aufeinandertreffen, schaukeln sich Wellen mitunter zu beträchtlicher Größe auf, erkannten Forscher um Rosenthal bei Wellenexperimenten in Wassertanks. Zudem kann starke Gegenströmung Wellen hochheben. Auch der Wind kann anscheinend eine Rolle spielen: Gerät eine Böenfront in Resonanz mit Meereswellen, laufen also beide gleich schnell in dieselbe Richtung, können sie sich erheblich aufschaukeln, fand Rosenthal zusammen mit seiner Kollegin Susanne Lehner vom Deutschen Zentrum für Luft- und Raumfahrt (DLR) unlängst heraus.

Die einfachste Regel aber bringt Entwarnung für viele Strände: Damit sich eine Welle richtig hoch auftürmen kann, benötigt sie Wasser – das Meer muss also tief genug sein. Am Strand können sich Monsterwellen nur aufbauen, sofern der Meeresgrund nahe der Küste mehrere Meter absinkt. Auflaufende Wellen werden in der Brandungszone dann stark gestaucht. Das Wattenmeer der Nordsee und die Ostseeküste scheiden damit wohl aus für Monsterwellen. Bei Sturm kann dort jedoch im etwas tieferen Wasser der sogenannte Seebär auftauchen. Am 19. August 1932 soll sich über der 30 Meter seichten Doggerbank – einer Untiefe in der Nordsee – bei Gewitter eine Monsterwelle erhoben haben. In den vergangenen Jahren wurden zwei Nordsee-Bohrinseln von »Freak Waves« getroffen, eine Woge schoss 26 Meter hoch. Berichte von Riesenwellen an Nordseestränden aber sind nicht bekannt.

Gestade anderer Regionen scheinen jedoch bedroht. Von 2006 bis 2010 zeigt die Statistik von Nikolkina und Didenkulova 14 Monsterwellen an Stränden, 25 an Kliffen oder Küstenmauern. »Für Monsterwellen benötigt man einen Vorgang, um die Wellenenergie zu bündeln«, erläutert Ralf Weisse vom Helmholtz-Zentrum Geesthacht. Schmale Buchten kämen infrage, ebenso Untiefen am Meeresboden. Vor dem Surferort Mavericks etwa ragt ein flacher Vorsprung ins Meer, der die Brandung von beiden Seiten anzieht. Von dem Fokuseffekt für Wellen profitieren normalerweise die Surfer – es sei denn, besondere Umstände schaukeln die Brecher zu extremer Größe auf, wie am 13. Februar 2010 geschehen.

Auch Strömungen könnten das Wasser türmen, sagt Weisse. Vor Flussmündungen oder in Meeresengen wurden hohe Wellen gemessen. Am 11. November 2006 beispielsweise krachte eine etwa 20 Meter hohe Woge auf den Tanker »FR8 Venture« vor Nordostschottland. Die Gezeitenströme der dortigen Meerespassage Pentland Firth gelten schon ohne Wellengang als seemännische Herausforderung. Auch die portugiesische Surferbucht von Alfarim, an der im Dezember 2013 die Studenten zu Tode kamen, war für ihre besondere Dynamik bekannt. Der dortige Meco Beach fokussiert Atlantikwellen, weil der Meeresgrund steil aufsteigt. »Das Meer scheint manchmal mehrere Minuten lang völlig ruhig zu sein, aber dann treten plötzlich drei oder vier riesige Wellen auf und überraschen die Leute am

Strand«, erklärt Francisco Luis, der für den Zivilschutz zuständige Stadtrat von Setúbal.

Wissenschaftler hoffen, bedrohte Regionen mit Warnschildern kennzeichnen zu können. »Doch eigentlich wissen wir nicht, was warum wie passiert«, räumt Monsterwellen-Experte Paul Liu vom US-Meeresforschungsinstitut NOAA ein. Wenngleich viele Regionen mit schwacher Brandung und flachem Meeresgrund ungefährlich seien, könnte an manchen Küsten mit starkem Wellengang etwas Abstand zum Wasser ratsam sein.

Weitaus größere Fluten haben sich einst in Deutschland ergossen. Im nächsten Kapitel entdecken Geologen im Ostseeboden die Umrisse eines riesigen Flusses. Einst stürzte dort eine Sintflut hinab.

9

## Die Ostsee-Sintflut

Gewaltiges Grollen muss sich erhoben haben, als vor dem heutigen Fehmarn die Wassermassen losbrachen – die Vorfahren der Schleswig-Holsteiner wussten wohl, dass eine Katastrophe bevorstand. Ein natürlicher Damm war geborsten, und der Vorgänger der Ostsee, der Ancylus-See, lief aus.

Geologen haben am Meeresgrund zwischen Fehmarn und Lolland das Flussbett der steinzeitlichen Sintflut entdeckt: Demnach rauschte der Fluss vor 10 700 Jahren auf einer Breite von einem Kilometer im Fehmarnbelt in Richtung Nordwesten. Vermutlich erlebten Menschen diese große Flut hautnah; Werkzeuge und andere Funde künden von unseren Vorfahren im damaligen Dänemark und Norddeutschland. Fischer in Mecklenburg mussten nach der Flut ihren Anlegeplätzen wahrscheinlich kilometerweit hinterherwandern, denn binnen weniger Jahre senkte sich der Pegel des Ancylus-Sees um zehn Meter – große Küstenflächen fielen trocken. Im Westen hingegen flutete das Wasser die Landschaft östlich von Kiel und Lübeck – die Gegend war damals noch Festland –, und die Menschen mussten womöglich Reißaus nehmen vor der schwellenden Flut.

Jahrtausende hatte der Ancylus-See vor der Küste geschwappt, sein Pegel lag zuletzt 20 Meter unter dem der heutigen Ostsee – und damit deutlich höher als die damalige Nordsee. Wissenschaftler rätseln seit Langem über das Ende des Süßwassersees: Wann und wo strömte das Wasser Richtung Nordsee? Bislang glaubten sie, der Durchbruch müsse vor dem Darß westlich von Rügen erfolgt sein. Doch die Geologen Peter Feldens und Klaus Schwarzer von der Universität Kiel haben die gewaltige Rinne des Flusses am Grund des Fehmarnbelts entdeckt – sie liegt unter mehreren Metern Schlick begraben.

Die Katastrophe ereignete sich, als Nordeuropa aus der Kälte auferstanden war. Die Gletscher der Eiszeit hatten sich in den Norden Skandinaviens zurückgezogen. Pflanzen und Tiere eroberten das Gebiet; Elche und Rentiere streiften durch die waldige Hügellandschaft Norddeutschlands. Die Ostsee-Sintflut unterbrach den Frieden. Zwölf Meter tief hätten sich die Wassermassen in den Boden geschnitten, sagen Feldens und Schwarzer. Mit Schallwellen haben sie den Grund der Ostsee durchleuchtet. Bodenschichten reflektieren die Wellen, und ein Bild des Untergrunds entsteht. Ein gewaltiger Trichter zeichnet sich im Ostseegrund ab – es sind die Umrisse des großen Flusses. Die Forscher trieben zehn Bohrungen in den Boden, um die Ablagerungen zu untersuchen. Und tatsächlich bewiesen die Folge der Schichten und ihre Datierung, dass jener mächtige Strom vor 10 700 Jahren vor Fehmarn entlangrauschte. Als das Schmelzwasser der Gletscher in Skandinavien aber den See wieder anschwellen ließ, »ertrank« der Fluss 700 Jahre später. Weitenteils hatte der Strom in etwa die Ausmaße der heutigen Elbe nahe ihrer Mündung; vor Fehmarn weitete sich der Urstrom gar bis auf einen Kilometer Breite.

Doch wie soll der ehemalige Fluss heißen? Sein Entdecker

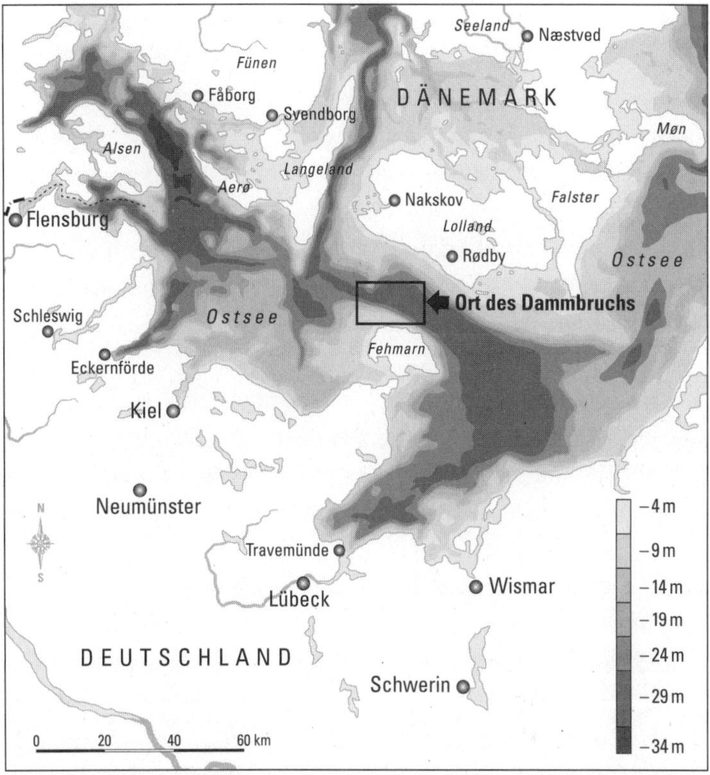


Ort der Ostsee-Sintflut: Zwischen Lolland und Fehmarn barst vor 10 700 Jahren ein natürlicher Damm, immense Wassermassen schossen aus dem Binnenmeer im Osten nach Westen.

Feldens schlägt den Namen Dana-Fluss vor – so nannten Wissenschaftler bereits in den 1920er Jahren einen Strom, den sie vor Fehmarn am Meeresgrund vermuteten. Schon vor 15 000 Jahren floss an gleicher Stelle ein offenbar noch größerer Strom, berichten die Kieler Geologen. Damals war der erste Vorläufer der heutigen Ostsee nach der letzten Eiszeit, der Baltische Eisstausee, ausgelaufen. Der See war durch das Schmelzwasser der Gletscher immer weiter angeschwollen. Er vermischte sich über eine Schneise in Schweden mit der Nordsee und wurde folglich salziger. Bald jedoch war die Verbindung zur Nordsee gekappt worden – von der Last der Gletscher befreit, hatte sich Südschweden gehoben, sodass wieder ein geschlossenes Süßgewässer entstand: der Ancylus-See. Als der See vor Fehmarn auslief, so schreiben Feldens und Schwarzer die Geschichte fort, entstand am heutigen Grund des Fehmarnbelts eine Seenlandschaft; sie ähnelte wohl der heutigen Holsteinischen Schweiz. Es dauerte dann weitere 3000 Jahre, bis die heutige Ostsee Gestalt annahm: Der Anstieg der Weltmeere hatte die Nordsee anschwellen lassen. Ihr Salzwasser strömte vor etwa 7000 Jahren an Norddänemark vorbei durch das Kattegat in die Ostsee. Und die Spuren der einstigen Sintflut wurden allmählich unter Schlamm begraben.

Warum aber endete überhaupt die Eiszeit? Das Klima folgt einem strengen Rhythmus – alle 100 000 Jahre startet plötzlich eine Warmphase. Im nächsten Kapitel liefern Geoforscher eine erstaunliche Erklärung für den rätselhaften Takt: Das Wippen Amerikas lässt Gletscher schmelzen.

# 10

## Landwippe stoppt Eiszeiten

Klimadaten sehen aus wie die Noten eines Trommlers. Die Temperaturen folgen strengen Rhythmen: Alle 41 000 und alle 23 000 Jahre fallen sie auf Tiefstände. In Schlammablagerungen am Meeresgrund, in Tropfsteinen und Gletschern hat sich der Klimatakt verewigt, eingeschlossene Luftbläschen und andere Spuren zeichnen den Temperaturverlauf nach. Beide Rhythmen passen perfekt zu den gleichmäßigen Schwankungen der Erdkugel: Wie ein Brummkreisel taumelt der Planet in 23 000 Jahren um seine Drehachse. Außerdem schwankt die Erdachse wie das Pendel einer Wanduhr in 41 000 Jahren hin und her. Nach diesen Rhythmen verändert sich die Sonnenstrahlung, die auf die Erde trifft. Das Klima wechselt, Eiszeiten brechen an. Gletscher rücken sogar in jene Breiten vor, in denen heute Deutschland liegt. Die extremste Schwankung aber ereignet sich alle 100 000 Jahre: Das Klima erwärmt sich rapide, Gletscher schrumpfen rasant, Eiszeiten gehen in Warmphasen über.

Trotz jahrzehntelanger Suche konnten Wissenschaftler diesem Rhythmus keine Ursache zuordnen. Paläoklimatologen bezeichneten das Rätsel als das größte ihres Fachgebiets. Bislang machten sie »interne Rückkopplungen« verantwortlich. Mehr Treibhausgase etwa, die aus tauendem Boden freigesetzt werden, können das Klima schleichend erhitzen. Oder schmelzendes Eis bewirkt einen verstärkten Wärmeeffekt: Die schrumpfende Eisfläche sorgt dafür, dass weniger Sonnenstrahlung ins All reflektiert wird; die Erwärmung beschleunigt sich. Doch all das beruht auf Spekulationen.

Nun aber wollen Forscher das Mysterium gelöst haben. Sie erklären den 100 000-Jahre-Rhythmus des Klimas auf erstaunliche Weise: Im Wesentlichen bestimme das Auf und Ab des amerikanischen Kontinents den Wechsel der Klimas, berichten Fachleute um Ayako Abe-Ouchi von der Universität Tokio. Ihren Computersimulationen zufolge entscheiden Schwankungen der Erdachse zwar, wann Eiszeiten beginnen, sie liefern gewissermaßen den Anstoß. Sogar die sogenannte Exzentrizität, die Änderung der Erdbahn, wirkt sich aus: Der Weg des Planeten um die Sonne dehnt sich alle 95 000 Jahre von fast rund zu elliptisch, sodass der Abstand der Himmelskörper zueinander schwankt. Der direkte Effekt beider Rhythmen aufs Klima ist jedoch gering. Die Wirkung kann sich aber offenbar hochschaukeln, wie Studien bereits vermuten ließen. Ayako Abe-Ouchi und ihre Kollegen wollen den entscheidenden Effekt entdeckt haben, der das Klima im Rhythmus von 100 000 Jahren schwanken lässt. Ihren Berechnungen nach verfügen Eiszeiten über einen eingebauten Selbstzerstörungsmechanismus: Ab einer bestimmten Größe fallen die Gletscher regelrecht in sich zusammen.

Die Ursache scheint die Flexibilität des amerikanischen Kontinents zu sein: Unter der Last vorrückender Gletscher senkt sich die Erdkruste um bis zu einem Kilometer. Damit sinken auch die Gletscher, und ihre Rücken liegen bald nicht mehr in kühler Höhe, sondern in Sphären milder Luft – sie schmelzen. Der Effekt ist dauerhaft: Etwa 20 000 Jahre lang hält die Abwärtsfahrt des Bodens an, bis er sich auf niedrigem

Niveau stabilisiert. Damit startet ein Spektakel, das Geologen gut kennen: Eismassen in mittleren Breiten schwinden deutlich schneller, als sie zuvor gewachsen sind, sie kollabieren regelrecht. Sind sie in wärmerer Umgebung, gibt es kein Halten mehr. Schmelzwasser und milde Luft verursachen eine Taukaskade.

Strittig war bislang, wie stark sich das Einsinken der Kruste auswirkt. Der Effekt ist den neuen Simulationen zufolge entscheidend: Sobald die Eishöhe eine kritische Schwelle unterschreite, genüge eine winzige Zunahme der Sonnenstrahlung, um die Gletscher Nordamerikas binnen weniger Jahrtausende komplett zu schmelzen, berichten Abe-Ouchi und ihre Kollegen. Der Rückgang der Eiszungen verstärkt die Erwärmung: Sonnenstrahlung, die vom Eis wie an einem Spiegel ins All reflektiert worden war, erwärmt nun den Boden. Noch heute, 11 000 Jahre nach dem Ende der letzten Eiszeit, macht sich die Landwippe bemerkbar: Gebiete, die einst unter Gletschern einsanken, federn hoch. Teile Dänemarks etwa heben sich, von der Last befreit, mehrere Millimeter pro Jahr.

Ansonsten ist von der Eiszeit nicht mehr viel zu spüren, glücklicherweise. An Weihnachten aber wünschen sich viele eine frostige Atmosphäre. Wissenschaftler führen die Sehnsucht nach einer geschlossenen Schneedecke zum Christfest auf Postkarten aus dem Jahr 1863 zurück – davon erzählt das nächste Kapitel.

# 11

## Mythos von der weißen Weihnacht

Alle Jahre wieder heißt es warme Weihnacht statt weiße Weihnacht. Doch auch früher war Schnee an den Feiertagen eher selten. Wissenschaftler führen die Sehnsucht nach einem winterlichen Christfest unter anderem auf Postkarten aus dem Jahr 1863 zurück.

In Deutschland ist Heiligabend traditionell grün. »Trotz der globalen Klimaerwärmung sind weiße Weihnachten in den vergangenen 100 Jahren nicht seltener geworden«, berichtet der Deutsche Wetterdienst DWD. Der Dezember ist laut Statistik ohnehin der dunkelste und nebligste Monat – und einer der niederschlagsreichsten. Wobei eher Regen fällt als Schnee. »Für das deutsche Flachland ist weiße Weihnacht fast ein kleines Wunder«, sagt Gerhard Müller-Westermeier vom DWD. Der Winter hat im Dezember gerade erst begonnen, die größte Kälte steht noch aus. Der erste Schnee der Saison fällt zwar oft bereits im November, milde Westwinde bringen dann jedoch das berüchtigte Weihnachtstauwetter. Mitte des 20. Jahrhunderts flauten diese Strömungen ungewöhnlich stark ab. Wenn ältere Leute von früheren Schneewintern erzählen, meinen sie wahrscheinlich jene Jahre zwischen 1939 und 1974. In diese Zeit fielen so viele kalte Winter, dass einzelne Wissenschaftler orakelten, das Klima würde auf eine Eiszeit zusteuern. In den Alpen wurden zahlreiche Skilifte errichtet. Indes: Weihnachten blieb selbst damals meist grün.

Erst im Gebirge steigen die Chancen auf Schnee zu den Feiertagen. Die Weiße-Weihnacht-Regel lautet: Je näher zur Küste und je niedriger gelegen eine Region, desto geringer die Chancen. 1981 gab es zuletzt in ganz Deutschland weiße Weihnacht. 2010 fiel immerhin am Abend des 24. Neuschnee, der über die Feiertage liegen blieb.

München ist die deutsche Großstadt mit der höchsten Chance auf weiße Weihnacht. In der bayerischen Hauptstadt liegt dem DWD zufolge vom 24. bis 26. Dezember etwa in zwei von fünf Jahren eine geschlossene Schneedecke. Dresden feiert immerhin alle fünf bis sechs Jahre weiße Weihnachten, Hamburg und Frankfurt am Main alle neun Jahre. Das Rheinland kann nur jedes zehnte Jahr mit Schnee rechnen.

Das Ideal einer geschlossenen Schneedecke stamme aus der Mitte des 19. Jahrhunderts, hat die Klimaforscherin Martine Rebetez von der Eidgenössischen Forschungsanstalt für Wald, Schnee und Landschaft in der Schweiz nun herausgefunden. Um 1860 sei eine markante Wandlung auf Postkarten zu beobachten. Zuvor war darauf kein Schnee abgebildet; herbstlich anmutende Szenerien prägten die Festtagskarten: Ein Weihnachtsmann klettert mit Geschenken beladen über unverschneite Dächer. Auf einer anderen Weihnachtskarte sind Menschen dargestellt, die in gemütlicher Runde trinken – inmitten einer üppigen Dekoration aus Weintrauben. Von 1863 datiert dann eine der ersten modernen Weihnachtskarten, berichtet Rebetez. Die Karte zeigt den Weihnachtsmann auf einem verschneiten Dach sitzend. Hinter ihm liegt eine weiße Dorfidylle, über der der Vollmond prangt.

Inspiriert seien die Bilder wohl vom winterlichen Neuengland in den USA oder dem Schweizer Hochgebirge, meint Rebetez. Dort liegt Weihnachten tatsächlich zumeist Schnee. Bald kamen die romantischen Postkarten in Mode; vor allem Einwanderer schickten sie aus den USA an ihre zurückgelassenen Verwandten in Europa. Die helle, glitzernde Landschaft wirkte friedlich und aufgeräumt. Bislang hatten die Europäer das Winterklima eher gefürchtet. Selbst australische Weihnachtskarten zeigten verschneite Landschaften, obgleich dort im Dezember Hochsommer herrscht. Während die Australier jedoch mühelos erkennen, dass sie Bilder einer anderen Kultur vor sich haben, scheint es sich für Mitteleuropäer um Szenen einer vergangenen Epoche zu handeln.

Selbst im Winter kennt Australien kaum Schnee, ähnlich mild ist es in vielen Ländern der Südhalbkugel. Doch der Eindruck täuscht: Auf der Nordhalbkugel ist es übers Jahr gesehen wärmer – obwohl die Südhemisphäre näher an der Sommersonne steht, den größeren Warmwasserspeicher hat und mehr Strahlung abbekommt. Wie ist das möglich? Im nächsten Kapitel lösen Forscher das Jahrhunderträtsel.

# 12

## Das Geheimnis der warmen Nordhalbkugel

Je häufiger Naturforscher ihre Thermometer ablasen, desto stärker wuchs ihre Verwunderung: Nach Messungen an Tausenden Orten festigte sich im 19. Jahrhundert die Erkenntnis: Im Norden der Erde ist es wärmer als im Süden – im Durchschnitt um anderthalb Grad, wie moderne Messungen bestätigen.

Der Naturforscher Alexander von Humboldt geriet vor knapp 200 Jahren darüber in heftige Debatten mit seinen Kollegen. Wie war der Temperaturgegensatz zu erklären, wo die Südhalbkugel im Sommer doch näher an der Sonne steht als die Nordhälfte im Nordsommer? Die elliptische Bahn der Erde sorgt dafür, dass der sonnennächste Punkt Anfang Januar erreicht wird. Also müsste sich doch eigentlich der Süden stärker aufheizen? Deutsche Forscher meinen, das Rätsel gelöst zu haben. Ozeanströmungen und unterschiedliche Landschaften an den Polen könnten erklären, warum die Nordhalbkugel so deutlich wärmer sei, berichtet die Forschergruppe um Georg Feulner vom Potsdam-Institut für Klimafolgenforschung (PIK).

Den Wärmeeffekt des Südsommers hatten Forscher bereits frühzeitig entzaubert. Die größere Nähe zur Sonne im Januar sorgt zwar für stärkere Sonnenstrahlung auf der Südhalbkugel. Gleichzeitig wird der Planet in dieser Jahreszeit auf seiner

Umlaufbahn aber beschleunigt wie in einer Steilkurve, sodass die Südsommer kürzer sind. Beide Effekte heben sich gegenseitig auf. Doch auch der Blick auf die Erdkugel lässt vermuten, dass die Südhemisphäre wärmer sein müsste: Unendliche blaue Weiten bedecken die Südhälfte des Planeten. Die Ozeane sollten eigentlich dafür sorgen, dass der Süden milder ist (denn Meere speichern mehr Wärme als Landflächen). Moderne Messungen vergrößern das Rätsel: Satellitendaten zeigen, dass die Südhemisphäre mehr Strahlung von der Sonne aufnimmt als der Norden. Die Ursache sei unklar, sagt Feulner. Zu erwarten wäre demnach eine stärkere Aufheizung des Südens.

Wolken mildern die Wärme: Über den Ozeanen des Südens schweben gewöhnlich Myriaden Schönwetterwolken. Viele keimen an Schwefeltröpfchen, die von Algen aus den großen Meeren in die Luft gelangen; sie erzeugen den typischen Meeresduft. Die Wolken werfen Sonnenlicht zurück ins All und kühlen auf diese Weise den Süden – der Effekt der größeren Meereswärme ist damit futsch.

Können womöglich die schwülen Dschungel des Nordens, etwa in Südostasien und Zentralafrika, das Geheimnis des Temperaturgegensatzes erklären? Forscher sahen in den ausgedehnten Tropengebieten eine Erklärung für den Wärmeüberschuss im Norden: Die riesigen Mengen Wasserdampf, die dort verdunsten, sorgen für einen starken Treibhauseffekt – unter der Dampfhaube staut sich Hitze. Die Wirkung sei aber vernachlässigbar, haben Feulner und seine Kollegen berechnet, der große Temperaturunterschied zwischen Nord und Süd sei damit nicht zu rechtfertigen.

Es müsste wohl irgendwie Wärme von Süd nach Nord fließen, hatte der schottische Naturforscher James Croll bereits 1870 gemutmaßt. Vergangenes Jahr stützten Sarah Kang und

Richard Seager von der Colombia Universität Crolls Verdacht, Ozeanströmungen könnten für den Wärmeüberschuss verantwortlich sein. Ihre grobe Schätzung ergab, dass Strömungen in Atlantik und Pazifik so viel Wärme nach Norden schaufeln, dass der Temperaturunterschied größtenteils zu erklären wäre. Feulner und seine Kollegen haben den Wärmetransport der Ozeanströmungen nun mit Computersimulationen überprüft: Würde der Golfstrom im Atlantik zusammenbrechen, bliebe vom Wärmeüberschuss der Nordhalbkugel kaum etwas übrig. Der Golfstrom und seine Ausläufer treiben tropisches Wasser aus dem Süden bis ins Nordmeer. Ein vergleichbares Warmwasserreservoir für Strömungen gen Süden gibt es nicht. Getrieben wird das ozeanische Förderband von der Drehung der Erde und einem Sog abtauchenden Wassers vor Grönland. Zudem wirkt die Antarktis als Kühlung, berichten die Forscher. Der weiße Kontinent strahlt wie ein riesiger Spiegel im Süden Sonnenenergie ins All zurück. Am Nordpol hingegen gibt es keine Landmasse. Dort legt berstendes Meereis immer wieder große Wasserflächen frei, die Wärme speichern. Etwa ein Zehntel des Temperaturunterschieds zwischen Nord und Süd lasse sich mit der unterschiedlichen Landschaft an den Polen erklären. Im Zuge der Klimaerwärmung könnte der Wärmegegensatz sogar noch zunehmen, folgern Feulner und seine Kollegen: Das Meereis der Arktis schwindet.

Jetzt verwundert es nicht mehr, dass auch der wärmste Ort der Erde auf der Nordhalbkugel liegt. Trotz Erderwärmung verteidigt er seine Spitzenposition schon beinahe ein Jahrhundert lang. Findige Geschäftsleute wollen die abgelegene Wüstenregion sogar zur Touristenattraktion machen.

# 13

## Am Hitzepol der Erde

Seit dem 13. September 1922 hatte Asisija in Libyen einen prominenten Platz inne: Der Ort war Hitzeweltrekordhalter. 58 Grad sollen damals an einer italienischen Militärbasis gemessen worden sein. Doch die Weltmeteorologische Organisation hat den Rekord aberkannt. Neuer Spitzenreiter ist das Tal des Todes (»Death Valley«) in den USA, wo am 10. Juli 1913 exakt 56,7 Grad gemessen worden seien.

Es bestünden erhebliche Zweifel an der Richtigkeit der Rekordmessung von 1922, schreiben Forscher um Khalid al-Fadii vom Libyan National Meteorological Centre (LNMC). »Der Wert erschien uns schon immer verdächtig, nie war eine Messung an Asisija herangekommen«, sagt Mitautor Christopher Burt vom privaten Wetterdienst Weather Underground, »und jetzt wissen wir auch, warum: Der angebliche Weltrekord ist einfach unglaubwürdig.« Die Messung falle im Vergleich zu umliegenden Stationen und zu nachfolgenden Daten von derselben Station aus dem Rahmen, berichten al-Fadii und seine Kollegen. Das Thermometer sei zudem veraltet gewesen und hätte über einer Asphaltfläche gestanden, die sich künstlich aufheize. Es bestünden darüber hinaus Zweifel an der Kompetenz des Ablesers.

Seit Ende 2010 hatten die Wissenschaftler an der Überprüfung gearbeitet; während des Bürgerkriegs hatten sie ihre Arbeit unterbrechen müssen. »Einmal dachte ich schon, Kollege Fadii wäre im Visier von Gaddafi«, berichtet Christopher Burt. Der Machthaber hätte seinerzeit im Fernsehen ominöse Erklärungen abgegeben, wonach die USA versuchten, nun auch einen »Krieg um Klimadaten gegen Libyen zu führen«. Die Wissenschaftler ließen die Arbeit ruhen und brachten sich in Sicherheit. Nun aber stehe mit dem Tal des Todes der neue Hitzeweltrekordhalter fest. In der Wüste im Südwesten der USA war am 12. Juli 2012 zudem ein neuer nächtlicher Temperaturspitzenwert von 41,7 Grad registriert worden – nie zuvor seit Beginn der Messungen war es zum kühlsten Zeitpunkt eines Tages so warm. Der Ort teilt sich den Rekord mit dem Khasab-Flughafen in Oman, wo gut zwei Wochen zuvor der gleiche Wert gemessen worden war. Während die Hitze dort aber möglicherweise noch ein wenig vom Flugverkehr getrieben sein könnte, herrschten die Rekordverhältnisse im Tal des Todes am 12. Juli garantiert ohne irgendwelche menschlichen Einflüsse.

Der Tagesrekord vom 10. Juli 1913 im Death Valley indes wurde noch nicht geknackt. Das liegt auch daran, dass in Wüsten so wenig Thermometer stehen. Satelliten nämlich zeigen, dass es wohl noch heißere Orte gibt. In der Wüste Lut in Iran etwa war es zeitweise wärmer als 70 Grad. Doch das Tal des Todes bleibt einstweilen Rekordhalter, da die Genauigkeit der Satellitendaten begrenzt ist. Sie fassen Flächen zwischen 0,05 Längen- und Breitengraden zu einem Datenpunkt zusammen, der die durchschnittliche Temperatur der Fläche wiedergibt; am Äquator waren die Maschen des Datennetzes 5,6 Quadratkilometer groß, in höheren Breiten entsprechend kleiner. Der entscheidende Unterschied ist jedoch, dass Satelliten die

Wärmestrahlung des Bodens messen. Thermometer hingegen hängen in etwa anderthalb Meter Höhe, dort ist es an den Hitzeorten kühler. Je trockener und weniger bewachsen ein Landstrich, desto stärker kann er sich aufheizen. Mehr als 60 Grad erreichen beispielsweise die Sahara, der Mittlere Osten, die Wüste Gobi und fast ganz Australien. In der iranischen Wüste Lut ist es mit gelegentlich mehr als 70 Grad sogar so lebensfeindlich, dass kaum Bakterien existieren können. Trotzdem wirbt Iran für die Wüste als Heimat des heißesten Ortes der Welt. Im Internet locken iranische Firmen mit Abenteuerurlaub in der Lut-Wüste – »am Wärmepol der Erde, von schneebedeckten Bergen gesäumt«.

Auch in den Alpen sorgt die Erderwärmung für Attraktionen, wie das nächste Kapitel zeigt: Gletscher schwinden, an ihrer Stelle entstehen Hunderte Gewässer. Die neuen Seen locken Touristen und Energiefirmen. Einige Gemeinden hingegen rüsten sich schon für katastrophale Flutwellen.

# 14

## Die Alpen werden zur Seenlandschaft

In den 1990er Jahren zeigten sich erste Risse in der mächtigen Zunge des Triftgletschers im Berner Oberland. 2002 barst die Spitze der Eismasse dann in Tausende Stücke. Weil sie in einer Kuhle lag, schwoll das Wasser zu einem See. Der sogenannte Triftsee wurde zur Attraktion: Mittlerweile strömen täglich Touristen auf einer Hängebrücke über das neue Gewässer. »Es kommen viel mehr Leute als früher zum Gletscher«, erzählt Wilfried Haeberli von der Universität Zürich. Hunderte solcher Seen werden in den kommenden Jahren allein im Schweizer Hochgebirge entstehen, haben der Geograf und seine Kollegen berechnet. In Österreich, den Anden und anderen vom Klimawandel betroffenen Gebirgsregionen seien ähnlich dramatische Umweltveränderungen festzustellen. »Die rasante Gletscherschmelze verändert die alpine Landschaft radikal«, sagt Haeberli. Die Eisgegend weiche vielerorts einer Seenlandschaft.

Die neuen Gewässer brächten Chancen und Risiken: Touristen erhielten neue Anreize, und Stauseen könnten Wasserkraftenergie liefern. Nahe Ortschaften jedoch sehen sich einer Bedrohung ausgesetzt: Steinlawinen drohen in die Seen zu stürzen und Flutwellen talwärts zu schicken, die Dutzende Meter hoch werden können. Mit 500 bis 600 größeren Seen im Schweizer

Hochgebirge kalkulieren Haeberli und seine Kollegen »in absehbarer Zukunft«. Bei fortschreitender Erderwärmung würden nach ihren Berechnungen jährlich drei neue Gewässer entstehen. Die Prognose stützt sich auf ein Computermodell, das den Boden unter den Gletschern enthüllen soll: Die Art, wie sich eine Eismasse bewegt und welche Falten sie wirft, verrät die Beschaffenheit des Untergrunds, über den sie hinwegkriecht. Getestet hätten sie ihr Modell an den Veränderungen der Landschaft in den vergangenen Jahrzehnten, erklärt Haeberli. Die digitalen Animationen zeigen, unter welchen Gletschern Kuhlen liegen, die in den kommenden Jahrzehnten von den zurückweichenden Eiszungen freigelegt werden und sich mit Schmelzwasser füllen könnten. Im Durchschnitt würden die Gewässer bis zu 100 Meter tief, schätzt der Geograf – sie wären damit tiefer als Chiemsee, Plöner See oder Ammersee.

Die ersten Neuzugänge gibt es bereits: Während auf dem Rhonegletscher-See im Wallis Eisberge Touristen begeistern, sorgt das junge Gewässer am Grindelwaldgletscher für Probleme. Vom Eis befreiter Fels hatte am Eiger seinen Halt verloren, die dadurch ausgelösten gewaltigen Bergstürze stauen seit 2005 das Schmelzwasser. Ende Mai 2008 ließ Tauwetter den See so weit anschwellen, dass er ausbrach. Somit war klar: Größere Fluten könnten Eisenbahnstrecken, Straßen, Hotels und Campingplätze bedrohen. Eilig wurden für viele Millionen Franken Tunnel in den Berg gegraben, durch die das Wasser im Notfall abfließen kann.

Mit besonderer Gefahr rechnen Haeberli und seine Kollegen am Aletsch, dem größten Gletscher der Alpen: Unter dem Eis klaffen tiefe Mulden, die sich wahrscheinlich in den nächsten Jahren mit Wasser füllen werden. Steile Felswände überragen die künftigen Seen. Ohne das stützende Eis, fürchtet der Forscher, droht der Berg seinen Halt zu verlieren und ins Wasser zu stürzen. Zwei Ortschaften müssten mit fatalen Flutwellen rechnen. Auch talwärts vom Plaine Morte blicken Anwohner mit Sorge auf ein wachsendes Gewässer, das auf der tauenden Eiszunge schwappt. »Man kann die neuen Seen nicht einfach sich selbst überlassen«, warnt Haeberli. Drucksensoren am Grund und Drähte über den Seen sollen ein gefährliches Anschwellen des Wassers rechtzeitig melden.

Manche Gewässer hingegen locken damit, Wasserkraftenergie zu liefern. Die größten neuen Hochgebirgsseen könnten mit ihrem Fassungsvermögen künftig zu den 20 größten Stauseen der Welt gehören. »Die neuen Seen bieten die Chance, die heutige Stromproduktion aus Wasserkraft aufrechtzuerhalten«, meinen Haeberli und seine Kollegen. Schließlich würden bestehende Stauseen in niedrigeren Gefilden aufgrund versiegender Schmelzwasserflüsse in einigen Jahrzehnten schwinden. Da ist Ersatz gefragt. Für die neuen Seen an den Gletschern Corbassière, Gauli und Trift haben die Wissenschaftler die mögliche Leistung eines Kraftwerks bereits durchgerechnet: 500 Megawatt seien zu erwarten, das wären Spitzenwerte für die Schweiz. Etwa 40 neue Seen würden interessant für die Energiegewinnung, vermuten die Forscher. Vielleicht, so hofft Haeberli, könnte der Nutzen über den Verlust der weißen Landschaft hinwegtrösten.

Im nächsten Kapitel offenbart eine faszinierend-gruselige Entdeckung in einer Gebirgshöhle eine noch stärkere Veränderung der Alpen: Tropfstein-Trümmer und Kratzer im Fels bezeugen Erdbeben in Österreich. Sie dokumentieren geologische Kräfte, die das Land Richtung Osten drücken: Klagenfurt und Bozen wurden bereits 160 Kilometer voneinander weggeschoben.

# 15

## Die Alpen rutschen nach Osten

Österreich war gewarnt, Hinweise hatte es genug gegeben: Eine Felsspalte im Waldviertel hatte im 18. Jahrhundert angeblich eine Burg verschluckt. In den 1940er Jahren soll ein Weingarten im Untergrund verschwunden sein; Risse durchzogen die Gemäuer vieler Häuser. Nachdem auch noch Gesteinsklüfte im Boden entdeckt wurden, stuften Experten das Wiener Becken schließlich als erdbebengefährdet ein.

Doch auch der Rest des Landes ist in Bewegung. In einer Höhle in der Obersteiermark haben Geologen Hinweise auf Erdbeben entdeckt. Die Erschütterungen seien die Folge eines gigantischen Umbaus der Erdkruste: Geologische Kräfte schöben die Ostalpen unaufhaltsam Richtung Osten, berichten Geoforscher um Lukas Plan vom Naturhistorischen Museum in Wien.

Die Alpen haben eine bewegte Vergangenheit. Das Gebirge bildet die Knautschzone eines gewaltigen Zusammenstoßes, der vor Jahrmillionen begann: Von Süden her schob die Afrikanische Erdplatte das heutige Italien wie einen Sporn in den europäischen Kontinent hinein. Dabei falteten sich die Alpen auf.

Einen besonderen Einblick in die Eingeweide der Erde bietet das gewaltige Tauernfenster, ein 160 Kilometer langer und

30 Kilometer breiter Gebirgszug zwischen Brenner und Katschberg. Das Gestein des Tauernfensters stammt aus 30 Kilometer Tiefe. Bei der interkontinentalen Kollision wurde es wie Knetmasse nach oben gepresst.

Inzwischen jedoch schiebt sich das Tauernfenster offenbar vor allem in Richtung Osten. Das schließen Geoforscher aus der Analyse von Schallwellen, die sie durch den Untergrund geschickt haben und die ein Bild vom Inneren der Erdkruste liefern. Das Tauernfenster versetzt demnach Berge: Den Gurktal-Block hat es bereits 160 Kilometer vor sich hergeschoben. Die Gebiete um das heutige Klagenfurt und Bozen – einst benachbart – liegen heute mehrere Autostunden voneinander entfernt.

Nun meinen Geologen, auch an der Erdoberfläche einen Beweis für die Ostdrift der österreichischen Alpen gefunden zu haben. Die Gruppe um Lukas Plan hatte sich tief in eine Kalksteinhöhle im Hochschwabgebirge in der Steiermark abgeseilt. Dort entdeckte sie markante Kratzer, die waagerecht an einer Felswand entlanglaufen. »Die Kratzer befinden sich an einer engen Stelle der Höhle in knapp zwei Meter Höhe«, sagt Bernhard Grasemann von der Universität Wien. Dort klemmen Felsbrocken fest wie Kieselsteine in einem Flaschenhals. Die Kratzer beweisen: »Manche Brocken müssen mit großer Gewalt horizontal an der Felswand entlanggeschrammt sein«, sagt Grasemann. Freier Fall würde senkrechte Spuren erzeugen – folglich kämen nur Erdbeben als Verursacher der Kratzer infrage. Offenbar habe sich einst die ganze Felswand um einen Viertelmeter verschoben – dabei sei sie von fest sitzenden Felsbrocken zerschrammt worden, heißt es im Forschungsbericht weiter.

Die Kratzer entstanden, bevor Menschen in der Region lebten. Eine atomare Uhr im Gestein verriet den Geologen das

Alter der Spuren: Radioaktive Substanzen zerfallen im Gestein mit unveränderlicher Geschwindigkeit und erlauben somit eine Altersbestimmung. Die Kalkablagerungen auf den Kratzern sind den Datierungen zufolge etwa 9000 Jahre alt, der zerkratzte Kalk hingegen rund 118 000 Jahre. Im Zeitraum dazwischen, so folgern die Forscher, seien die Kratzer entstanden.

Am Boden der Höhle entdeckten sie weitere Spuren, die auf Erdbeben hinweisen: Dort lagen zerbrochene Tropfsteine. Mit ihrer Datierungsmethode konnten die Forscher das Ergebnis der Kratzer-Datierung bestätigen: Der Kalk über den Bruchstellen der Tropfsteine war demnach 9000 Jahre alt, der alte Kalk wiederum 118 000 Jahre. In der Zeit dazwischen mussten die Tropfsteine von der Decke gestürzt sein. Damals herrschte Eiszeit; das Wasser war gefroren, sodass die Tropfsteine nicht wuchsen. »Offenbar handelt es sich um Erdbebentrümmer«, folgert Grasemann. Für diese These spricht auch der Blick auf die geologische Karte: Die Höhle liegt direkt auf einer Hunderte Kilometer langen Gesteinsnaht, die Österreich von West nach Ost durchzieht.

Wie häufig in den Ostalpen mit stärkeren Beben zu rechnen ist, sei »vollkommen unklar«, sagt Grasemann. Vermutlich passiere es selten. Seine Analyse liefere lediglich den ersten Hinweis auf ein starkes Beben aus den vergangenen Jahrtausenden. Doch die Region ist in Bewegung. Das beweisen GPS-Satellitendaten und ein schwaches Zittern der Erde. Empfindliche Messgeräte registrieren unter den Ostalpen in Dutzenden Kilometern Tiefe ein stetes Rumoren: Entlang der Gesteinsnähte verschiebe sich das Gebirge um anderthalb Millimeter pro Jahr in Richtung Osten, sagt Grasemann. Ein Großteil Österreichs bewegt sich also unaufhaltsam Richtung Ungarn.

Auch am Meeresboden sind gravierende Umwälzungen im

Gang, wie das nächste Kapitel zeigt. Im Pazifik und Atlantik haben Geoforscher lange Brüche im felsigen Grund entdeckt. Das Schicksal beider Ozeane scheint besiegelt.

# 16

## Knacken unterm Ozean

Im Süden der Iberischen Halbinsel werden die Bewohner immer wieder von Erdbeben erschreckt. Berstender Meeresboden lässt die Küsten zittern. Neuen Messungen zufolge künden die Beben von einer Wende der Erdgeschichte: Im Atlantik entstehe eine gigantische Bruchzone, berichten Geoforscher. Sie werde im Lauf von Jahrmillionen den Meeresboden schlucken.

Der Atlantische Ozean verschwindet also, Amerika und Europa werden dereinst vereinigt. Der Atlantik ist gewissermaßen vom Mittelmeer geologisch vergiftet worden: Eine Bruchzone springe zurzeit von dort in den Atlantik. Der Grund des Mittelmeers wird von einer tiefen Spalte durchschnitten. Afrika drängt nach Norden, schiebt den Ozeanboden vor sich her. Vor Südeuropa taucht er unter teils heftigen Beben ins Erdinnere, dabei schmilzt Gestein. Magma quillt auf und speist Vulkane wie Ätna oder Vesuv.

Noch wird der Atlantik größer. Auf halber Strecke zwischen Amerika im Westen und Afrika und Europa im Osten schlängelt sich ein gewaltiges Gebirge durch den Ozean: der Mittelatlantische Rücken. Aus seinen Spalten strömt fortwährend Lava, sie härtet zu frischer Gesteinskruste – krachend schiebt sie den Meeresboden beidseits des Rückens weg. Der Atlantik weitet sich dadurch, Amerika und Europa rücken pro Jahr einen Fingerbreit auseinander. Würde Kolumbus das Meer heute queren, müsste er zwölf Meter weiter segeln als noch vor 500 Jahren. Doch seine beste Zeit hat der Atlantik offenbar hinter sich, er wandelt sich von einem jungen zu einem alten Ozean.

Geoforscher um João Duarte von der Monash Universität in Melbourne haben Karten des Meeresbodens südwestlich vor Spanien ausgewertet. Von Schiffen aus hatten sie mit Schallwellen ein Gebiet halb so groß wie Deutschland abgetastet. Die Fachleute hatten dort Bruchzonen erwartet, schließlich hatten starke Beben die Region erschüttert (1755 etwa schickte ein extremer Ruck des Meeresbodens südwestlich von Portugal Tsunamis an die Küsten, die das berühmte Erdbeben von Lissabon verursachten, eine der schlimmsten Naturkatastrophen Europas). Duarte und seine Kollegen haben Gebiete entdeckt, an denen die Beben ihren Ausgang genommen haben könnten: ausgedehnte Überschiebungen, Gesteinspakete also, die sich mit kräftigem Ruck übereinandergeschoben haben. Zusätzlich aber fanden die Forscher heraus, dass diese geologischen Knautschzonen durch Brüche im Meeresgrund über weite Strecken verbunden sind. Offenbar bilde sich hier eine neue, Tausende Kilometer lange Verschluckungszone – im Fachjargon Subduktionszone genannt –, entlang derer der Meeresboden ins Erdinnere abtauche.

Der Atlantik konnte sich bislang stetig vergrößern, weil ihn nur winzige Verschluckungszonen begrenzen. Nur in der Karibik und südlich von Südamerika tauchen kleinere Teile des atlantischen Meeresbodens ins Erdinnere. Der Pazifik hingegen schiebt sich an all seinen Seiten unter benachbarte Kontinente: Die Folge ist der bebende pazifische Feuerring mit seinen Hunderten Vulkanen an den Küsten des Ozeans, von den Anden bis

Alaska, von Japan bis zur Südsee. Der Pazifik ist ein alternder Ozean; er wird kleiner. Die neu entdeckte Subduktionszone etwa 400 Kilometer südwestlich von Gibraltar zeige, dass nun auch die Schrumpfung des Atlantiks beginne, berichten Duarte und seine Kollegen. In ferner Zukunft werden dort wohl Vulkane wachsen. Taucht der verschluckte Meeresgrund tief genug ins Erdinnere, bildet sich Magma. Von der Südküste Europas aus beginnt also das Sterben des Atlantischen Ozeans. Die Verschluckungszone wird sich weiter ausdehnen. Irgendwann, da sind sich die Forscher sicher, dürfte sie den atlantischen Meeresboden verschlungen haben.

Auch der Boden des Pazifischen Ozeans zerbricht. Die größte tektonische Platte der Erde beginne, sich nahe dem Äquator von Ost nach West zu spalten; das haben zwei Geologen aus Chile herausgefunden. Der Meeresboden sei so stark unter Druck, dass er aufreiße. Der Pazifikboden bewegt sich im Norden schneller als im Süden. Dort wird er an seinen Rändern, wo er unter die Nachbarplatten abtaucht, stärker gebremst als im Norden. Wie bei einem Papier, das auf seiner unteren Hälfte festgehalten und oben geschoben wird, baue sich in der Mitte daher große Spannung auf, berichten Valérie Clouard und Muriel Gerbault von der Universität Santiago. Der Meeresgrund sei dort bereits durchlöchert. Der Weg für Magma aus dem Untergrund sei frei geworden, und so seien Vulkaninseln entstanden, beispielsweise Polynesien und die Cook-Inseln.

Clouard und Gerbault haben auf Grundlage von Daten der GPS-Navigationssatelliten die Bewegung der Pazifikplatte am Computer simuliert: Dort, wo sich die Inseln erheben, sei die Spannung in der Erdkruste am größten. Der Meeresboden breche, Magma steige auf und lasse die Inseln wachsen. Die heißen Flecken lieferten wohl tatsächlich das Magma, glauben Clouard und Gerbault. Ohne die nun angenommene Bruchlinie wären die Vulkaninseln aber an anderer Stelle entstanden.

Dass sich die Erdkruste entlang heißer Flecken teilen kann, zeigt sich im Atlantik. Der Ozean ist entstanden, als vor rund 120 Millionen Jahren große Mengen Magma an vielen Punkten die Kruste spalteten. Zunächst durchbrach ein Magmaschlot zwischen Afrika und Südamerika die Erdoberfläche. Wie ein Reißverschluss setzte sich der Riss nach Norden fort, als auch dort nach und nach heiße Flecken die Kruste teilten. Doch nicht nur die Magma-Schweißbrenner, auch angestaute Spannung spaltete den Meeresboden, betonen Clouard und Gerbault. Unterschiedlicher Druck innerhalb einer Erdplatte kann dazu führen, dass sie sich an verschiedenen Stellen mit unterschiedlicher Geschwindigkeit bewegt. Beispielsweise nähert sich Tschechien mit drei Millimetern pro Jahr Skandinavien, obwohl beide auf der Eurasischen Platte liegen. In Deutschland wirkt sich vor allem der Druck der Afrikanischen Erdplatte aus, die sich mit zwei Zentimetern pro Jahr nach Norden unter Südeuropa schiebt. Kilometertiefe Bohrlöcher, die sich allmählich verformen, haben bewiesen, dass im Boden Deutschlands starke Kräfte herrschen.

Bislang glaubten Wissenschaftler jedoch, die Auswirkungen solcher Deformationen blieben regional begrenzt. Das ist ein Trugschluss, wie Clouard und Gerbault nun zeigen. Die platteninternen Kräfte können ihrer Studie zufolge weitaus größere Wirkung entfalten als gedacht. Auch die neue Teilungslinie im Pazifik würde die Erdplattenbewegungen demnach neu ausrichten. Der Meeresboden schöbe sich von der neuen Bruchzone aus nach Nord und Süd. Im Norden gelangte er unter den Nordamerikanischen Kontinent – Kalifornien würde zur Vulkanlandschaft. In fünf Millionen Jahren könnte der Pazifikboden vollständig zerrissen sein, so die Berechnung der Wissenschaftler, dann wäre ein Mittelozeanischer Rücken entstanden. Mittelozeanische Rücken sind die Motoren der Plattenbewegungen: Fortwährend quillt Lava heraus und härtet zu frischer Erdkruste. Beidseits davon driften Erdplatten auseinander.

Auch an anderen Orten könnte die Erdkruste so stark unter Spannung stehen, dass sie bald aufreiße, sagt Wolfgang Frisch von der Universität Tübingen. Der Grund des Indischen Ozeans etwa werde im Norden entlang einer Linie von vielen Hundert Kilometern regelmäßig von rätselhaften Erdbeben erschüttert. Das Knacken in der Tiefsee kündet von der Spaltung des Meeresbodens. Besonders unter Spannung steht die Erdkruste auch in Südostasien. Wie das nächste Kapitel schildert, scheint sich dort ein seltenes Naturphänomen anzubahnen: ein Erdbebensturm.

# 17

## Eine Kaskade von Beben

Ein Seebeben mit Tsunami verheert im Herbst 2009 das Inselreich Samoa. Tags darauf erschüttert ein Erdbeben Sumatra. Kommen zwei Katastrophen zeitlich so nah zusammen, schauen Geologen genauer als sonst auf ihre Messgeräte und fragen sich: Haben die Ereignisse miteinander zu tun?

Über Tausende Kilometer hätte sich der Druck in der Erdkruste in diesem Fall fortpflanzen müssen. Wie sich Spannungen über solch große Entfernungen durchs Gestein pausen sollen, können Wissenschaftler bislang kaum erklären. Nach manch schwerem Beben zeigten GPS-Navigationsdaten aber, dass sich kontinentgroße Gesteinsblöcke schneller bewegten als zuvor. Womöglich quillt nach heftigem Ruckeln Wasser aus der Erdkruste: Wie Schmiermittel verringert es die Reibung zwischen den Schollen. Der Untergrund zwischen Indonesien und der Südsee ist derzeit besonders unruhig. Wenige Jahre ist es her, dass ein gewaltiges Beben jenen Tsunami auslöste, der an den Küsten Indiens, Südostasiens und Indonesiens über 230 000 Tote forderte. Betrachtet man die Abfolge der Erschütterungen über einen längeren Zeitraum, offenbart sich Bedenkliches: Die Region befindet sich vermutlich in einem sogenannten Erdbebensturm, einer Folge schwerer Beben binnen weniger Jahre.

»Es drohen weitere Tsunami-Katastrophen«, sagt John McCloskey von der Universität von Ulster in Nordirland.

Erdbebenstürme sind von unerbittlicher Gewalt, sie können ganze Kontinente dem Erdboden gleichmachen. Zweimal haben solche Bebenkaskaden die Küsten des Mittelmeers verwüstet: Von 1225 bis 1175 vor Christus gingen 47 bronzezeitliche Städte im Nahen Osten und am östlichen Mittelmeer zugrunde. Auch im 4. nachchristlichen Jahrhundert fielen Metropolen reihenweise, von Palästina bis Sizilien. In zwölf Jahren hatte es elf vernichtende Starkbeben gegeben. Vielerorts finden sich Spuren, die zeigen, dass sich der Boden um das Jahr 365 herum mehrfach schlagartig um bis zu zehn Meter gehoben hat.

Die damalige Häufung von Starkbeben kann kein Zufall gewesen sein. Ein systematischer Umbau in der Erdkruste müsse stattgefunden haben, meinte der amerikanische Seismologe Amos Nur vor ein paar Jahren – und prägte für das neu entdeckte Phänomen den Begriff Erdbebensturm. Das Katastrophenstakkato ist glücklicherweise selten. Es trete lediglich an Erdplattengrenzen auf, an denen die Bruchzonen so gut miteinander verbunden sind, dass ein Beben das nächste auslösen kann, erläutert Ross Stein vom Geologischen Dienst der USA (UGS). Solche Plattengrenzen verhalten sich wie die Knopfleiste des Hemdes über einem Bierbauch: Reißt ein Knopf ab, geraten die anderen unter größere Spannung. Kracht es in der Erde entlang solch einer Bruchzone, dann hört das Beben erst auf, wenn sich die Gesteinsspannung entlang der gesamten Plattengrenze gelöst hat.

Indonesien liegt an der gefährlichsten Nahtzone der Erde, am sogenannten Feuerring. Am Rand des Pazifischen und des Indischen Ozeans ruckeln mächtige Erdplatten ins Erdinnere, was den Boden häufiger als anderswo erzittern lässt. Vor Indonesien ist der Meeresboden mittlerweile zersprungen in ein Mosaik aus Millionen Tonnen schweren Paketen. Die Felsschollen sind kilometerdick, manche umfassen die Fläche mehrerer deutscher Bundesländer. Sie geraten von Süden her unter Druck, weil sich die Indische Erdplatte mit einer Geschwindigkeit von fünf Zentimetern pro Jahr gegen Indonesien schiebt. Wird die Spannung zwischen den Reibungsflächen zu groß, bricht das Gestein – es bebt.

Seit der Tsunami-Katastrophe am 26. Dezember 2004 ist der Meeresboden vor Indonesien nicht zur Ruhe gekommen. Alle paar Wochen bricht das Gestein mit ungewöhnlicher Wucht. Die Bebengefahr vor Sumatra sei größer denn je, berichtet John McCloskey. Denn bei den Erdbeben dort verschiebt sich die Spannung ans Ende des Bruchs – wie bei einer Reihe umfallender Dominosteine. Nach den Beben der vergangenen Jahre stehe nun das bislang verschonte Gestein unter erhöhtem Druck. In manchen Regionen vor der Küste Sumatras staue sich die Spannung seit mehr als 200 Jahren, erzählt McCloskey. Daher sei es unwahrscheinlich, dass Indonesien eine Bebenpause bekomme, glaubt Kerry Sieh, Geologe am California Institute of Technology (Caltech). Seine Untersuchungen an Korallen und Gesteinen haben gezeigt, dass sich die Spannung vor Sumatra in 700 Jahren dreimal in Schüben abgebaut hat. Im 14., im 16. und im 17. Jahrhundert brach im Meeresboden ein regelrechtes Trommelfeuer los, das jahrelang anhielt. Mit dem TsunamiBeben von 2004 ist solch ein Katastrophenstakkato offenbar in Gang gekommen. 33 schwere Beben mit einer Stärke von mehr als 6 haben das Land seither erschüttert – eine äußerst ungewöhnliche Häufung. 14 der Beben hatten eine Stärke von mehr als 7.

Selbst in Regionen, die bereits erschüttert worden sind, ist der Druck in der Erdkruste noch immer riesig, berichten Geoforscher um Ozgun Konca vom Caltech. Sie haben mithilfe von GPS- und Radarsatelliten die Deformationen des Erdbodens ermittelt und die Messungen mit den Daten über die früheren Starkbeben verglichen. Korallen und Gesteine auf den Inseln um Sumatra zeigen, dass sich der Boden bei zwei Beben 1797 und 1833 großflächig um mehrere Meter gehoben hatte. Die Situation heute, sagt Konca, gleiche derjenigen im Anfangsstadium dieser historischen Ereignisse. Um die Gefahr einzuschätzen, vermessen Wissenschaftler von Schiffen aus den Meeresboden bis in eine Tiefe von 30 Kilometern. Bereiche an der Grenze zweier Erdschollen, die lange nicht gebrochen sind, gelten als Gefahrenherd. »Je größer diese Zonen, desto stärker die Beben«, sagt Kerry Sieh. Vor Java haben die Forscher eine lange Bruchzone ausgemacht, die seit dem 19. Jahrhundert ihre Spannung nicht abgebaut hat. Risse sie auf ganzer Länge, gäbe es wie im Jahr 2004 ein Beben der Stärke 9. Ozeanweite Tsunamis könnten abermals die Folge sein.

Von einer ähnlichen, aber noch mysteriöseren Naturgefahr erzählt das nächste Kapitel. Was lange Zeit als unmöglich galt, scheint wahr: Es gibt Erdbeben, die sich mit mehr als 20 000 km/h ausbreiten; die Rekordgeschwindigkeit macht den Boden zum Katapult. Und in den Regionen, in denen die superschnellen Beben auftreten könnten, liegen zahlreiche Metropolen.

# 18

## Erdbeben auf Speed

Anwohner erzählten von einem unheimlichen Dröhnen, das dem Beben vorausgegangen war. Sie berichteten von einem mächtigen Ruck, der Gebäude aus ihrem Fundament geschleudert hätte. In den Morgenstunden des 14. April 2010 erlebte der südchinesische Bezirk Yushu eine Katastrophe, die Rätsel aufgab: Bei dem Erdbeben der Stärke 6,9 starben in der nur mäßig besiedelten Region um die Stadt Qinghai mehr als 2200 Menschen. Zehntausende wurden verletzt, und in einigen Gemeinden wurden die meisten Gebäude zerstört. Wie waren diese ungewöhnlich schweren Verwüstungen zu erklären?

Ein superschnelles Erdbeben habe zugeschlagen, erklärten die Seismologen Dun Wang und Jim Mori von der chinesischen Erdbebenbehörde in Wuhan. Noch nie wurde ein Riss gemessen, der sich so schnell ausgebreitet hat. Das ist eine Erkenntnis, die böse Befürchtungen nährt: Schnelle Beben bedrohen demnach auch andere Regionen – Forscher haben Erdbeben-Highways beispielsweise in den USA, der Türkei und in Tibet identifiziert.

Bisher haben Experten ein Tempolimit für Erdbeben angenommen; schneller als mit 10 000 km/h könne der Boden nicht aufreißen, heißt es in Lehrbüchern. Die Geschwindigkeit sei begrenzt, weil der Bruch dem Wackeln des Bodens nicht davoneilen könne – er schien an die sogenannten Scherwellen der Beben gebunden, glaubten Forscher bis vor Kurzem. In den vergangenen Jahren entdeckten Geophysiker jedoch, dass sich manche Bebenrisse nicht an das Tempolimit gehalten haben. Jüngst ermittelten sie, dass bei dem Beben in der Nordwesttürkei nahe der Stadt Izmit im Jahr 1999 ein Bruch sich mit schätzungsweise 18 000 km/h bewegte; es starben mehr als 20 000 Menschen. Computersimulationen zeigten dann, dass sich superschnelle Beben womöglich mit bis zu 20 000 km/h ausbreiten könnten. Der Riss des Bebens von Qinghai in China schoss nun sogar mit Rekordgeschwindigkeit von fast 21 000 km/h durchs Land.

Der Riss wurde in zwei Messstationen in Deutschland und Australien gemessen: Drei und zehn Sekunden nachdem ein Schwingungssensor in der Bebenwarte von Gräfenberg in der Fränkischen Schweiz die ersten Wellen des China-Bebens registriert hatte, schlugen die Anzeigen weitere Male aus: Sogenannte hochfrequente Wellen von rund einem Hertz Schwingungsdauer wurden angezeigt, sie verrieten den Erdbebenriss im Süden Chinas. Auch in der australischen Station Warramunga erfasste ein Seismometer die Wellen – dort schlugen die Anzeigen zwei und fünf Sekunden nach dem Eintreffen der ersten Bebenwellen aus. Wie Steinewerfer an einem Teich konnten Wang und Mori aus den Daten nun berechnen, wo und wie schnell der Boden in China aufgebrochen war: Erdbebenwellen breiten sich gleichmäßig in alle Richtungen aus, wie Wellen auf einem Teich, wenn ein Stein ins Wasser plumpst. Am nahen Ufer branden die Wellen eher an. Indem man die Ankunftszeiten der Wellen an mehreren Ufern vergleicht, lässt sich ihr Ursprungsort bestimmen. Je kürzer der Moment zwischen zwei Wellenbergen, desto schneller war die Bewegung. Auf ähnliche

Weise ermittelten Wang und Mori, dass die Erde beim Beben von Qinghai mit Rekordgeschwindigkeit aufgerissen war. Die Energie habe die Zerstörungen vermutlich deutlich verschlimmert, schreiben die Forscher in ihrer Studie.

Der Boden wackle erheblich stärker bei superschnellen Erdbeben, bestätigt Eric Dunham von der Universität Harvard. Zusammen mit Kollegen ist er den Extremkatastrophen auf die Spur gekommen. »Wir haben kaum noch Zweifel, dass superschnelle Erdbeben vorkommen«, sagt sein Kollege Jim Rice. Nach einem Beben in Tibet im Jahr 2003 erkundeten Forscher die Region. Ihr Geländewagen holperte plötzlich, als führe er über Treppen – deutlich mehr Erdspalten als bei anderen Beben waren aufgebrochen. Sie verliefen meist parallel zum Erdbebenriss und glichen den Schockwellen nach einem Meteoriteneinschlag. Rice und Durham erkannten darin die Spuren eines superschnellen Erdbebens. Ihre Computersimulationen zeigen, wie die rasenden Risse entstehen könnten: Die Bruchfront eines Bebens lädt sich mit Spannung auf. Wenn der Riss nicht von Hindernissen begrenz wird, beschleunigt er, bis die Spannung einen Tochterriss erzeugt, der dem Mutterriss vorauseilt. Der Tochterriss verursacht eigene Erdbebenwellen, die sich kreisförmig ausbreiten – und schließlich auf die Wellen des Mutterrisses prallen. Die Wellen des Bebens verstärken sich, sie lassen den Boden zerspringen wie eine Glasscheibe. Noch 25 Kilometer entfernt vom eigentlichen Hauptbruch bestehe die Gefahr solcher Sprünge, meint Seismologe Jim Rice.

Das Modell könnte erklären, warum bei manchen Beben die Zerstörungen entlang des Bruches so immens ausfielen. Bei der Katastrophe in San Francisco im Jahr 1906 etwa sollen entlang des San-Andreas-Grabens Bäume wie Geschosse aus dem Boden katapultiert worden sein. Danach sah es so aus, als hätte ein Mähdrescher eine 70 Meter breite Schneise in die Wälder gefräst. Zu empfehlen wäre, direkt an den Erdbebennähten gar nicht mehr zu bauen, sagt Susan Hough vom Geologischen Dienst der USA. Die Expertin rät zu einem obligatorischen Sicherheitsabstand. Bedroht von superschnellen Erdbeben seien vor allem Regionen, in denen zwei Erdplatten aneinander vorbeischrammen und ein Bruch lange geradeaus verläuft. Dort kann der Riss richtig Speed aufnehmen.

Die meisten Starkbeben ereignen sich hingegen dort, wo sich Platten übereinanderschieben. Es bleiben also viele Risikogebiete übrig: Eine Weltkarte möglicher Erdbeben-Highways der Forscher David Robinson und Shamita Das von der Universität Oxford zeigt 26 Orte, an denen superschnelle Beben drohen. Ein Bruch führt beispielsweise mitten durch San Francisco, ein anderer durch die asiatischen Millionenstädte Rangoon und Mandalay in Myanmar. Andere Metropolen wie Istanbul, Los Angeles, Manila oder Wellington liegen in der Nähe solch gefährlicher Spalten. Die betroffenen Gebiete galten zwar bereits als erdbebengefährdet, die Karte der Erdbeben-Highways aber zeigt, dass die Erschütterungen heftiger ausfallen könnten als angenommen. Insgesamt seien 60 Millionen Menschen bedroht, warnen die Forscher. Und nicht nur die auf der Weltkarte verzeichneten Orte sollten mit superschnellen Beben rechnen: Der Bruch des China-Bebens von 2010 etwa war auf der Weltkarte der Erdbeben-Highways noch nicht verzeichnet – jetzt hält er den tragischen Geschwindigkeitsrekord.

Mitteleuropa hingegen scheint nicht bedroht von den Erdbeben auf Speed, entlang des Rheingrabens drohen gleichwohl heftige Erschütterungen. Im nächsten Kapitel berichten Geoforscher, wie sie dem Kölner Dom auf den Puls gefühlt haben: Er schunkelt manchmal wie im Karneval.

# 19

## Der wankende Dom zu Köln

Unerschütterlich wirken die zwei Türme der Hohen Domkirche zu Köln. Mit jeweils knapp 25 000 Tonnen Gewicht stemmen sich die beiden 157 Meter hohen Sandsteingiganten gegen Wind und Wetter. Doch reglos sind die Kolosse nicht. Vielmehr wankt der Kölner Dom – mal mehr, mal weniger.

Geoforscher haben ermittelt, wann das Bauwerk in Gefahr gerät; neben Erdbeben können es auch Stürme und sogar Eisenbahnen und Glockenschlag vibrieren lassen. Der bedrohlichste Moment für ein Gebäude ist erreicht, wenn es von einer Schwingung angeregt wird, die seiner Eigenfrequenz entspricht. Brücken etwa können von im Gleichschritt marschierenden Menschen in gefährliches Schwanken versetzt werden. Türme werden besonders von Erdbeben angeregt. Größe und Form des Gebäudes bestimmen, wie es auf Erschütterungen reagiert. Geophysiker wollen nun wissen, ob der Kölner Dom schweren Beben standhält, die Seismologen für das Rheinland nicht ausschließen können: Bei Ausgrabungen in Köln und Umgebung stießen Forscher auf Erdschichten, die einst mit einem Ruck versetzt wurden – nur Beben mit einer Stärke von mehr als 6,5 scheinen dazu in der Lage. Solch ein Schlag ist jedoch eher selten, er kommt schätzungsweise alle paar Jahrtausende vor. Doch wann es passieren wird, ist unklar. Sicher ist aber: Ein Starkbeben würde in Köln Tausende Gebäude zerstören. Auch den Dom?

Der Untergrund lässt Böses erahnen: Köln ist auf Sand gebaut, gut 300 Meter dick stapeln sich die körnigen Ablagerungen unter der Stadt. Solch weiche Schichten verstärken lange Erdbebenwellen. Felsboden hingegen leitet kurze Wellen besser weiter – die Erde vibriert regelrecht, sodass vor allem kleine Häuser zittern. Bei Beben auf sandigem Boden wie in Köln hingegen schwingen hohe Gebäude stärker.

Neue Forschungsergebnisse geben zu denken. Klaus-Günter Hinzen und seine Kollegen von der Universität Köln haben Schwingungsmesser im Dom angebracht: einen im Keller, einen im Dachboden der Kirche und drei im Nordturm in 70, 100 und 130 Meter Höhe. Die Daten zeigen, dass die stolze Kathedrale ständig in Bewegung ist. Etwa 1200 Züge, die jeden Tag in den benachbarten Hauptbahnhof einfahren, lassen den Dom zittern. Doch diese alltägliche Belastung hält er aus. Interessant wird es nach Erdbeben. Selbst das Tsunami-Beben im mehr als 9000 Kilometer entfernten Japan im März 2011 ließ den Kölner Dom zittern: Nach einer halben Stunde rollten die Bebenwellen durch Deutschland, der Boden hob und senkte sich um gut einen Zentimeter – allerdings so langsam, dass die Wellen für Menschen nicht spürbar waren. Der Dom sei dabei nicht in Schwingung geraten, er habe sich nur als Ganzes mehrfach um einen Zentimeter auf und ab bewegt, berichten die Forscher. Anders am 14. Februar 2011, als die Erde bei Koblenz mit der Stärke 4,4 leicht ruckte. Wie eine wackelnde Sandschüssel habe der Kölner Boden das Beben verstärkt, berichtet Hinzen. Auch der Dom geriet in Wallung: Minutenlang zitterten die Türme um den Bruchteil eines Millimeters. Die Spitzen schwangen hundertmal stärker als die Sockel – wegen dieses

Effekts werden bei Sturm frühzeitig die oberen Geschosse geräumt.

Das Verhalten des Doms überraschte die Experten: Er schwingt in einem anderen Takt, mit anderer Frequenz, als angenommen. Das hat Folgen für sein Verhalten bei starken Erdbeben: »Modelle müssen korrigiert werden«, berichten Hinzen und seine Kollegen – wie stark die Domtürme bei einem Starkbeben ins Wanken geraten würden, müsse neu berechnet werden. Frühere Berechnungen hatten gezeigt, dass ein Beben der Stärke 7 die Turmspitzen um bis zu 20 Zentimeter wanken lassen könnte. Welche Schäden zu befürchten wären, weiß niemand. »Zehn Zentimeter halten die problemlos aus«, sagt Hinzen. »Strukturelle Schäden sind dann nicht zu erwarten.« Aber doppelt so starkes Schwanken? Zumindest die Gewölbedecke und die Naht zwischen Kirchenschiff und Domtürmen drohten bei einem Starkbeben zu kollabieren.

Aber schon Stürme können zerstörerische Folgen haben: Aufbauten, Zinnen oder Aufhängungen können zu Boden stürzen. Aufgrund des Risikos sperren die Behörden den Umkreis des Doms bei Starkwind, also auch die Zuwege zum Hauptbahnhof. Allerdings beruhen die Maßnahmen auf groben Angaben: Die Windstärke entscheidet, ob der Zutritt verboten wird. Aufgrund der neuen Daten wisse man nun besser, wann es gefährlich werde, erklärt Hinzen. Die Messungen seiner fünf Sensoren im Dom zeigten, wie stark der Dom tatsächlich schwanke, wenn es stürmt. Entsprechend genau könne künftig Alarm gegeben werden.

Manchmal versetzt sich der Dom auch selbst in Schwingung: An besonderen Tagen läutet die berühmte Petersglocke, eine der größten frei schwingenden Glocken der Welt. Auch zum Dreikönigsfest am 6. Januar 2011 erklang das 24 000 Kilogramm schwere Gerät. Wie auf einer Partitur konnten die Geophysiker die feierlichen Klänge auf ihren Erdbebendaten ablesen. Das Geläut ließ die Türme des Doms schunkeln wie im Karneval: Sie wiegten sich um einen Fünftel Millimeter hin und her, berichten die Forscher. Um 9.35 Uhr jedoch fiel der tiefe C-Ton aus; die Petersglocke verstummte, nur die kleineren Glocken bimmelten noch. Die Forscher erkannten die neue, weniger schöne Melodie in den Aufzeichnungen der Schwingung: Die gleichmäßigen Kurven gingen in ein unstetes Auf und Ab über. Schnell wurde klar, dass etwas Dramatisches geschehen war: Der 800 Kilogramm schwere Klöppel war zu Boden gestürzt – der Aufschlag hatte der gesamten Kathedrale einen Ruck von einem halben Millimeter verpasst.

Erdbeben in Köln sind glücklicherweise selten. Viel häufiger ist eine Naturgefahr, die vor allem Ortschaften in den USA heimsucht. Sie ist geradezu unsichtbar, sie kommt in der Dunkelheit: Die Bedrohung von Nacht-Tornados werde unterschätzt, warnen Forscher im nächsten Kapitel. Nicht nur die Finsternis macht sie so gefährlich.

# 20

## Die dunkle Gefahr

Auf den ersten Blick glaubt der Betrachter der Videoaufnahmen an eine Täuschung: Schwarz liegt die Nacht über der Kleinstadt Woodward im US-Bundesstaat Oklahoma. Alle paar Sekunden erleuchten blitzende Stromleitungen die Gegend. In diesen Momenten erstrahlen aber nicht nur Straßen, Häuser und Autos – auch ein monströser grauer Schlauch wird sichtbar; er ragt vom Himmel bis zum Boden.

Mehrere dieser Tornados wirbelten im April 2012 durch Woodward, zerrissen Stromleitungen, schleuderten Autos umher wie Gießkannen, zerhäckselten Häuser und fegten ihre Fundamente blank. Fünf Menschen starben, 29 wurden verletzt ins Krankenhaus gebracht. Die Stürme kamen ohne Vorwarnung in der Dunkelheit, nicht mal Sirenen hatten Alarm geschlagen – die Tornados hatten sie anscheinend abgerissen. »Wir hatten keine gute Sturmwarnung«, sagt der Bürgermeister von Woodward, Roscoe Hill. Die Bedrohung durch Nacht-Tornados werde zu einem immer größeren Problem, mahnen Wissenschaftler, die dunkle Naturgefahr fordere zunehmend Opfer. Bestehende Warnsysteme reichten nicht aus, um das Risiko in den Griff zu bekommen, erklären Forscher der Northern Illinois Universität in den USA.

Auch in Deutschland muss mit etwa zehn Tornados pro Jahr gerechnet werden, vor allem im Hochsommer. Hierzulande werden sie verharmlosend Windhosen genannt, dabei sind sie nicht unbedingt schwächer als in den USA. Allerdings kreiseln jährlich etwa 1200 der Wirbelstürme durch die USA, in keinem Land treten Tornados häufiger und stärker auf als dort. Nach den größten der Stärke 5 mit Windgeschwindigkeiten von mehr als 322 km/h wurden Grashalme gefunden, die wie Igelstacheln in Holzwänden steckten. Die Gräser konnten nicht abknicken, weil ihre Auftreffgeschwindigkeit so hoch war. Manche Wirbel sind breiter als einen Kilometer. Die scharfe räumliche Begrenzung der Tornados soll in einigen Fällen dazu geführt haben, dass Häuser weggerissen wurden, während Kerzen im Garten weiterbrannten. Die Bahn der Verwüstung ist bei Tornados durchschnittlich 25 Kilometer lang, sie können aber auch weitaus längere Schneisen in die Landschaft reißen. Die Stürme – ehrfürchtig auch »Finger Gottes« genannt – kündigen sich mit monströsen Geräuschen bereits von Weitem an: Zeugen berichteten von einem tiefem Brausen wie bei Wasserfällen, das stetig lauter wurde und schließlich donnernd fauchte wie ein Güterzug. Krachende Zerstörungen machen den Lärm schließlich ohrenbetäubend. Doch oft tauchen die Stürme zu schnell auf, als dass man die Flucht ergreifen könnte: »Es geschah fast zu schnell, um überhaupt Angst zu bekommen«, sagte ein Betroffener in Tuscaloosa im April 2011.

Die Wirbel entstehen in feuchtwarmer Luft, ähnlich wie Hurrikane. Diese erstrecken sich über Hunderte Kilometer, erreichen dafür aber nicht so hohe Windgeschwindigkeiten. In der amerikanischen Tornado-Saison im Frühjahr und Sommer strömt vom Golf von Mexiko häufig tropisch warme Luft heran, die perfekte Zutat für die Tornado-Entstehung: Trifft die Meeresluft über den USA auf kühlen Westwind, dann steht das Rezept für schwere Unwetter bereit. Die warme Luft steigt auf, kondensiert in kühler Höhe zu Regentropfen und bildet riesige ambossförmige Gewitterwolken. Gigantische Mengen Wasserdampf steigen aufgrund ihrer Wärme in die Höhe. Die Wolkenbildung setzt zusätzlich Energie frei, die den Luftaufstieg weiter antreibt. Manche Gewitter gewinnen eine Eigendynamik, sie schälen sich als sogenannte Superzellen aus der Wetterfront heraus und beginnen sich langsam um ihre Achse zu drehen. In stabilen Superzellen gerät die aufströmende Luft verstärkt ins Wirbeln. Wie dunkle Geschwüre wachsen Wolken aus der Gewitterfront nach unten – ein Alarmsignal. Denn schon Momente später kann das Wolkengeschwulst zu dem gefürchteten Schlauch werden; sobald dieser Bodenkontakt hat, ist ein Tornado geboren. Im Zentrum eines Tornados entsteht ein Unterdruck, die Luft wird dort rapide nach oben gesogen. Der Luftdruck fällt, wenn ein Tornado vorüberzieht, innerhalb von Sekunden um 100 bis 200 Millibar. Erde und Staub werden angesogen und färben den Schlauch dreckig braun. Manche Menschen, die hineingerieten, kamen sogar heil wieder heraus: Sie hatten das Glück, im dämpfenden Aufwind herunterzugleiten.

Der US-Wetterdienst NOAA hob nach den Tornados von Woodward im April 2012 seine erfolgreiche Tornado-Warnung hervor: Es sei erst das zweite Mal in der Geschichte des Landes gewesen, dass 24 Stunden vor dem Unwetter eine solche erfolgen konnte. Doch das war nur die halbe Wahrheit. In Wirklichkeit zeigte sich, dass die USA zwar gelernt haben, Wirbelstürme bei Tageslicht immer besser zu orten. Auch eine allgemeine Bedrohungslage wird mittlerweile gut erkannt, Meteorologen identifizieren Tornado-Wetter. Nachts jedoch habe sich die Gefahr durch die Wirbelstürme erhöht, berichtet Walker Ashley, Meteorologe der Northern Illinois Universität. Weil Gewitter meist am Nachmittag, wenn es am wärmsten ist, zu voller Größe anwachsen, kommen Tornados oft nach Einbruch der Nacht, manche gar erst nach Mitternacht. Die gefährlichste Zeit für Tornados, sagt Ashley, sei zwischen Mitternacht und Sonnenaufgang. Das Risiko, in einem der Wirbel zu sterben, sei in diesen Stunden zweieinhalbmal höher als tagsüber. Die Gefahr werde auch deshalb unterschätzt, weil verbesserte Warnsysteme eine falsche Sicherheit vorgaukelten.

Die vier wichtigsten Gründe für die Bedrohung durch Nacht-Tornados sind den Forschern zufolge:

1. Die Stürme sind in der Dunkelheit nicht zu sehen.
2. Schlafende bekommen von den Wirbeln und ihren Geräuschen nichts mit.
3. Warnsirenen sind in Innenräumen schlechter zu hören.
4. Menschen halten sich nachts oft in besonders sturmanfälligen Gebäuden wie privaten Mobilhäusern auf, während sie tagsüber eher in betonierten Firmengebäuden arbeiten.

Während die Zahl der Todesopfer durch Tornados bei Tageslicht in den vergangenen Jahrzehnten deutlich zurückgegangen sei, habe sich der Anteil von Opfern bei Nacht nach Angaben der Forscher stetig erhöht. Etwa ein Viertel aller Tornados in den USA ereignen sich bei Nacht – sie verursachen aber rund 40 Prozent der Toten. In manchen Jahren gab es zuletzt sogar drei Viertel aller Tornado-Opfer während der Dunkelheit, berichten die Experten. Dieser Effekt sei dafür verantwortlich, dass die Zahl der Tornado-Toten seit Jahren nicht mehr zurückgehe, obwohl sich die Warnungen vor der Naturgefahr verbessert hätten, erklären die Wissenschaftler. Und die nächtliche Bedrohung nehme zu, weil die Siedlungen immer weiter wucherten. Vor allem die Südstaaten seien gefährdet, weil dort die meisten Mobilhäuser stünden, die Wirbelstürmen nicht standhielten. Die Experten empfehlen Anwohnern der Risikogebiete, sich sogenannte Wetterradios anzuschaffen. Die Geräte schalten sich automatisch ein, wenn Tornado-Warnung gegeben wird – auch nachts.

Wenn hingegen in Mitteleuropa Gewitter aufziehen, sind Blitze oft die größte Bedrohung. Viele Zehntausend Ampere Strom werden frei, wenn einer einschlägt. Im nächsten Kapitel erläutern Experten, warum die Gefahr durch die Starkstromfackeln unterschätzt wird.

# 21

## Unterschätzte Starkstromfackeln

Der Volksmund gibt gerne Entwarnung, wenn es um Gewitter geht: Das Risiko, vom Blitz getroffen zu werden, sei allenfalls so niedrig wie die Chance auf einen Lottogewinn, heißt es. Kein Grund zur Sorge?

Tatsächlich trifft der Vergleich mit dem Lotto ungefähr zu – allerdings nur auf ein durchschnittliches Menschenleben. Für jemanden, der in ein Gewitter gerät, steigt das Risiko mitunter erheblich: Die Chance kann dann so weit erhöht sein, als ob bereits fünf Richtige gezogen worden sind und nur noch eine Lottozahl gelost wird – der Sechser ist plötzlich ganz nah. Fachleute warnen davor, das Risiko zu unterschätzen: »Blitzunfälle, insbesondere auf großen freien Plätzen, sind gar nicht so selten«, sagt der Mediziner Fred Zack von der Universität Rostock, ein erfahrener Experte auf dem Gebiet. In Deutschland gebe es pro Jahr bis zu zehn Tote und tausend Verletzte durch Blitze. Die Auswertung der Blitzunfälle habe gezeigt, dass die meisten Fälle mit richtigem Verhalten vermeidbar gewesen wären. Auf einem Musikfestival im Nordsächsischen Roitzschjora wurden Ende Juni 2012 sogar 51 Menschen gleichzeitig durch einen Blitzschlag verletzt. Einige der Opfer schleuderten durch die Luft; viele hatten Brandwunden. Tags zuvor waren vier Frauen

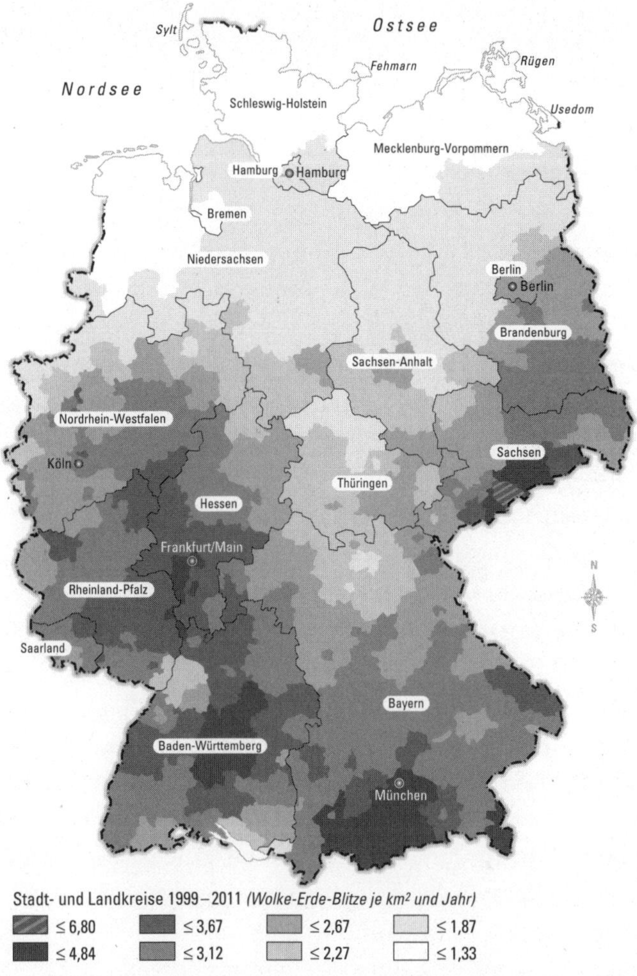


Deutschlandkarte zur Blitzhäufigkeit: Am häufigsten getroffen wird der Mittlere Erzgebirgskreis. Dort schlagen jährlich bis zu 5,8 Blitze pro Quadratkilometer ein. Am wenigsten trifft es den Norden. Dort gehen im Jahresdurchschnitt maximal 1,33 Blitze pro Quadratkilometer nieder.

auf einem Golfplatz in Nordhessen gestorben. Am Unfallort, einem Unterstand aus Holz, zeugten eine Brandlinie im Boden, Holzsplitter und herausgerissene Grasbüschel von der Naturgewalt.

Zur Hochsaison im Juli und August krachen an manchen Tagen mehr als 100 000 Blitze auf Deutschland; die meisten treffen den Süden und den Südosten des Landes. Vor allem Metropolen sind gefährdet, in Innenstädten mit ihren vielen Gebäuden gewittert es heftiger als über dem freien Land – die größere Hitze im Ballungsgebiet sorgt für größere Energie in der Luft. Die Ursache für die Unterschiede im Bundesgebiet sind vor allem Gebirge und das Temperaturgefälle: An den Anhöhen von Erzgebirge, Schwäbischer Alb, der Alpen und Mittelgebirge stauen sich vor allem im Sommer feucht-schwüle Luftmassen. Steigen sie auf, sprießen oft mächtige ambossförmige Gewitterwolken – das perfekte Milieu für die Blitze. Die aufsteigende Luft sorgt für erhebliche Turbulenz. Weniger Gewitter brauen sich über dem Meer zusammen, da über dem kühleren Wasser weniger Warmluft aufsteigt.

Wie Blitze entstehen, können Wissenschaftler im Detail noch nicht erklären. Der gängigen Theorie zufolge laden sich Partikel in den Wolken mit unterschiedlicher Ladung auf: Hagelkörner reiben sich dabei an Eiskristallen, positive Ladungen trennen sich von negativen. Kleine Teilchen laden sich eher positiv auf, Aufwinde peitschen sie in die Höhe. Bald schweben in zehn Kilometer Höhe vor allem Teilchen mit positiven Ladungen, während die Wolke in flacheren Gefilden negativ geladen ist. Am Boden werden positive Ladungen angezogen – in der Luft kann sich dadurch eine Spannung von Hunderten Millionen Volt aufbauen. Wird die elektrische Spannung zu groß, löst sie sich mit einem Schlag – es blitzt:

In einem zentimeterschmalen Kanal schießt ein Strom von bis zu 20 000 Ampere zur Erde (Elektrogeräte laufen mit gerade mal zehn Ampere). Schließlich zucken die gefürchteten 30 000 Grad heißen Stromfackeln, sie sind sechsmal wärmer als die Oberfläche der Sonne. Die Hitze dehnt die Luft explosionsartig aus, es donnert. Am Boden schmelzen Sandkörner, sogar Felsen können bersten. Steht ein Mensch im Umkreis von etwa 20 Metern, ist er in Lebensgefahr.

Normale Reflexe können ins Verderben führen: Wer sich in solcher Situation zum Schutz auf den Boden legt, vergrößert die Bedrohung – im Körper würde ein extremes Spannungsgefälle entstehen. Gleiches passiert bei Breitbeinigkeit: Zwischen den Gliedmaßen baut sich Spannung auf – starker Stromfluss würde das Gefälle ausgleichen und lebensbedrohlich durch den Körper fahren.

Die wichtigsten Verhaltensregeln bei Gewitter lauten:

- Vorsicht ist spätestens dann geboten, wenn weniger als zehn Sekunden zwischen Blitz und Donner liegen. Die Blitze sind dann nur noch gut drei Kilometer entfernt.
- Wenn möglich, sollte man ein Gebäude oder Auto aufsuchen.
- Zu meiden sind: Bäume, Anhöhen, feuchte Wände und am besten auch feuchte Böden.
- Keine Metallteile anfassen und weg mit dem Regenschirm.
- In die Hocke gehen, Füße zusammenhalten; am besten einen Graben oder eine Kuhle aufsuchen.
- Abstand halten zu anderen Menschen.
- Absteigen von Fahrrad oder Motorrad; mindestens drei Meter Abstand zu den Zweirädern.
- Raus aus dem Wasser. Im Boot weg vom Mast und den Körper klein machen.

Wolkenarmer Himmel bedeutet bei Donner übrigens keine Entwarnung, in seltenen Fällen eilen Blitze der Unwetterfront voraus, sodass sie aus heiterem Himmel einschlagen. Glücklicherweise zieht die Gefahr rasch vorüber; meist ist ein Gewitter spätestens nach 20 Minuten vorbei.

Manche Menschen fürchten ominöse Wetterschwankungen mehr als Gewitter; sie glauben, wetterfühlig zu sein. Experten aber fällen im nächsten Kapitel ein hartes Urteil über die sogenannten Biowetter-Prognosen.

# 22

## Der Biowetter-Unsinn

Haben Sie in den vergangenen Tagen eine innere Unruhe gespürt? Hatten Sie Kopfschmerzen? Oder spannten Ihre Narben? Dann könnten Sie wetterfühlig sein – jedenfalls, wenn man den Biowetter-Berichten traut. Etwa die Hälfte der Deutschen bezeichnet sich selbst als wetterfühlig. Viele Beschwerden schreiben sie der Witterung zu, etwa Gelenkschmerzen, Abgespanntheit, Schlafstörungen oder Kreislaufprobleme. Ein Drittel der Deutschen gibt in Umfragen sogar an, mitunter wetterbedingt arbeitsunfähig zu sein.

Derartige Erhebungen haben Meteorologen zu Biowetter-Prognosen motiviert. Vier von fünf Deutschen bezeichneten die Vorhersagen als »hilfreich« oder »teils hilfreich«, heißt es beim Deutschen Wetterdienst (DWD). Ob die Prognosen stimmen, ist eine andere Frage. Die meisten hätten eine Glaubwürdigkeit »ähnlich wie Horoskope«, sagt etwa Jürgen Kleinschmidt, Medizinklimatologe an der Universität München. »Bürger sollten Biowetter-Vorhersagen komplett ignorieren«, meint auch Wetterexperte Jörg Kachelmann. »Vor Koliken, Narbenschmerzen und anderen Beschwerden zu warnen ist Unsinn«, ergänzt Hans Richner von der ETH Zürich. Dabei bestreiten die Fachleute nicht, dass das Wetter das Befinden beeinflusst. Allerdings seien nur wenige Einwirkungen bewiesen, die meisten Prognosen mithin unhaltbar.

Lediglich vier Zusammenhänge gelten als gesichert:

1. Pollen bewirken mitunter allergische Reaktionen.
2. Übermäßig viel UV-Strahlung schädigt Hautzellen.
3. Ozon kann Atemwegserkrankungen auslösen.
4. Der »thermische Wirkungskomplex« wirkt sich auf den Körper aus: Temperatur, Feuchtigkeit und Wind sorgen für Hitze- oder Kältestress. Im Extremfall können Herzinfarkte, Rheumaanfälle oder Unterkühlungen die Folge sein.

»Diese Zusammenhänge kennt jeder intuitiv«, sagt Richner. »Wenn es heiß ist, fächeln wir uns Luft zu, bei Kälte suchen wir Windschatten.« Die Warnung vor Kreislaufproblemen bei schwül-heißem Wetter sei etwa so sinnvoll wie eine Warnung vor Nasswerden bei Regen. Problematischer noch seien Biowetter-Prognosen, die bestimmte Wetterlagen für konkrete Beschwerden verantwortlich machen. Für eine derartige Wetterfühligkeit »gibt es keine wissenschaftlich gesicherten Aussagen«, sagt Richner, der seit mehr als vierzig Jahren die gesundheitlichen Auswirkungen des Wetters erforscht. Selbst das berühmte Phänomen, dass der warme Alpenwind Föhn angeblich Kopfweh auslöse, sei wissenschaftlich nicht bewiesen.

Der DWD bemüht sich, seine Biowetter-Prognosen möglichst allgemein zu halten. Lediglich der »Wettereinfluss auf subjektives Befinden« wird vorhergesagt. Er verweist dabei auf Studien, die zeigen, dass Wetteränderungen die körperliche Verfassung beeinflussen. Tatsächlich haben Experimente gezeigt, dass manche Menschen bei einer Wetterverschlechterung über Beschwerden wie Migräne, Asthma oder Diabetes klagen.

Hochdruck hingegen wirke sich günstig auf die Gesundheit aus, schreibt der DWD.

Ob der Einzelne den Prognosen folgen soll, erscheint allerdings zweifelhaft. »Das Ganze ist ein Problem der Individualisierung«, sagt Harald Walach, Biowetter-Experte an der Universität von Northampton in Großbritannien. Wenn manche über Gelenkschmerzen klagten, erfreuten sich andere besonderer Fitness. »Eine Minderheit von Menschen zeigt Reaktionen auf Wetterwechsel«, ergänzt Jörg Kachelmann. »Die Reaktionen sind aber sehr unterschiedlich, sie treten zudem bei verschiedenen Wetterlagen auf.« Auch Hans Richner bestätigt, dass Studienresultate sich »oft diametral« widersprächen.

Der Erfolgsdruck in der Wissenschaft verzerrt offenbar die Resultate der Studien. Zwar finden Forscher regelmäßig statistische Anzeichen dafür, dass Beschwerden mit bestimmten Wetterlagen einhergehen. Doch die Resultate ließen sich oft nicht wiederholen, erklärt Richner, sie »müssen als zufällig betrachtet werden«. Verschiedene Studien in den vergangenen Jahren machten beispielsweise Änderungen des Luftdrucks für Wehen bei Schwangeren verantwortlich. Der Effekt schien gut erklärbar, immerhin ändert sich Luftdruck, der beim Übergang von einer Hochdruck- zu einer Tiefdrucklage auf den Körper wirkt, insgesamt um rund eine halbe Tonne. Richner hat jedoch Zweifel: Wer etwa im Auto mäßige Steigungen überwinde, setze seinen Körper ähnlichen Druckschwankungen aus – ohne dass dabei vermehrt Wehen auftreten würden. Statistisch lasse sich leicht sagen, das Wetter sei schuld gewesen, resümiert Kleinschmidt. »Natürlich will jeder Forscher am Ende einen Effekt darstellen.« Widerlegten Experimente aber eine These, würden die Resultate nicht unbedingt publiziert: »Negative Ergebnisse verschwinden in der Schublade.«

Eine weitere Schwierigkeit der Biowetter-Prognosen sei die »große Zahl von Wetterfaktoren«, erklärt Harald Walach. Laut DWD übe das Wetter eine »Akkordwirkung« aus: Viele meteorologische Einflüsse wie etwa Wind, Feuchtigkeit, Temperatur, Druck, Luftchemie oder Strahlung wirkten gleichzeitig. Das Problem sei, zu erkennen, welche Parameter relevant sind.

Und wie steht es um die viel beschworene Fähigkeit, Wetteränderungen im Vorhinein zu fühlen? Manche Menschen könnten offenbar die Vorboten von Wetterfronten anhand kleiner Schwankungen des Luftdrucks spüren, schrieb der DWD in einem Resümee von 2007. Prallen Luftmassen aufeinander, geraten sie in Wallung. Die atmosphärischen Wellen eilen Wetterfronten voraus. Sie schwingen äußerst langsam, es dauert mehr als fünf Minuten, bis eine Welle durchgelaufen ist. Bei Menschen mit geschwächten oder verengten Blutgefäßen oder mit hohem Blutdruck könnte es dabei zu »Fehlregulationen kommen, welche Wetterfühligkeitssymptome auslösen könnten«, erläutern die DWD-Experten. Tatsächlich haben Experimente von Hans Richner gezeigt, dass das Befinden umso schlechter ist, je größer die Luftwellen waren. Richner selbst glaubt jedoch nicht an einen kausalen Zusammenhang: »Vermutlich handelt es sich um eine Scheinkorrelation.« Die Menschen reagierten wohl schlicht auf miese Witterung und nicht auf Luftwellen, denn bei schlechtem Wetter seien die Druckschwankungen am größten. Die Luftwellen mit dem Wohlbefinden in Verbindung zu bringen, ähnele dem Versuch, einen ursächlichen Zusammenhang zwischen dem Umsatz von Himbeereis und der Anzahl von Sonnenbränden herzustellen. Beide steigen bei schönem Wetter – aber niemand käme auf die Idee, Himbeereis für Sonnenbrand verantwortlich zu machen.

Während das Wetter immerhin mit Satelliten beobachtet

werden kann, schöpfen Forscher ihre Erkenntnisse über das Erdinnere lediglich aus indirekten Messungen. Das ist ein gravierendes Manko, denn Umwälzungen tief in unserem Planeten bestimmen das Geschehen an der Oberfläche, wie das nächste Kapitel zeigt: Zwischen Erdkern und Erdmantel gehen alte Kontinente ihrem heißen Ende entgegen. Aus dieser höllischen Region steigen gigantische Magmasäulen auf – sie bewahren die Kontinente vor dem Untergang.

# 23

## Friedhof der Erdplatten

Um zu einer der interessantesten Regionen der Erde zu gelangen, müsste man 2700 Kilometer weit reisen – und zwar nach unten. An der Grenze zwischen Erdmantel und Erdkern herrscht eine Hitze wie auf der Sonne, hier sammelt sich gewissermaßen der Bodensatz der Erde: Uralte, von der Oberfläche abgesunkene Kontinente mischen sich mit Eisenschlacke, die aus dem Kern aufsteigt. Der Friedhof der Erdplatten ist zugleich der Ursprung gigantischer Magmapilze, die Inseln wie etwa Hawaii entstehen lassen und wie Schweißbrenner Kontinente aufschmelzen können.

Erkundungen der rund 200 Kilometer dicken D"-Schicht (sprich: D-Zwei-Strich-Schicht) an der Kern-Mantel-Grenze ergaben, dass der Einfluss der Unterwelt auf das Geschehen an der Oberfläche größer ist als angenommen. Vermutlich sind die Turbulenzen in der D"-Schicht dafür verantwortlich, dass Kontinente über die Erde driften, Gebirge entstehen und es überhaupt Festland gibt. Das legen Computer-Experimente nahe.

Die Modelle fußen auf physikalischen Formeln, die die Bedingungen im Erdinneren beschreiben. Und in einem stimmen alle Simulationen überein, berichten die Geophysiker Ulrich Hansen und Kai Stemmer von der Universität Münster: Die aus der D"-Schicht aufsteigenden sogenannten Plumes sorgen

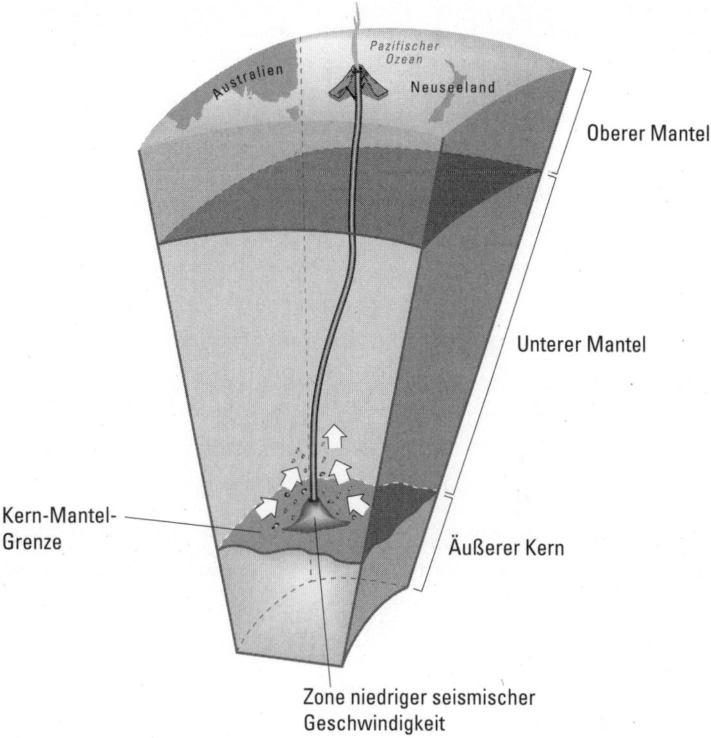


An der Grenze von Erdkern und Erdmantel unterhalb von Australien und Neuseeland haben Seismologen mit Erdbebenwellen eine Zone geschmolzenen Gesteins entdeckt. Es handelt sich vermutlich um die Wurzel eines sogenannten Mantelplumes, der Magma bis an die Erdoberfläche befördern kann. Womöglich bricht zwischen Australien und Neuseeland irgendwann eine Vulkaninsel aus dem Meeresboden hervor, ähnlich der Inseln von Hawaii oder den Kanaren, deren Vulkaninseln von Magma-Plumes gespeist werden.

für starke Umwälzungen im Erdmantel. Letztlich scheinen es diese Turbulenzen zu sein, die die Kontinente in Bewegung halten und sie vor der Überflutung durch die Ozeane bewahren.

Die Erforschung der unzugänglichen D"-Schicht ist schwierig – die tiefsten Bohrungen schaffen gerade ein Zweihundertstel des Weges. Deshalb hören die Forscher auf Erdbeben. Deren Wellen durchlaufen den Planeten und geben Auskunft über das Erdinnere, denn sie verändern ihre Geschwindigkeit – je nachdem, welches Material sie passieren. Auf dem gesamten Weg durch den Erdmantel beschleunigen sich die Bebenwellen stetig. In der D"-Schicht jedoch ändert sich ihre Geschwindigkeit auf geradezu chaotische Weise: Mal werden sie langsamer, mal schneller. Die Ursache dafür sind große Temperaturunterschiede von bis zu 700 Grad innerhalb der D"-Schicht.

Diese Unregelmäßigkeiten geben den Wissenschaftlern Einblicke in die Tiefe. Genau wie ein Arzt das Kind im Bauch einer Schwangeren mithilfe von Ultraschall sichtbar macht, offenbaren die Bebenwellen Strukturen im Erdinnern. Auf den seismischen Tomogrammen des Geophysikers Michael Wysession von der Washington Universität in St. Louis zeichnen sich in der D"-Schicht spukhafte Gebilde von 500 Kilometern Breite und mehreren Tausend Kilometern Länge ab. »Es handelt sich vermutlich um Erdplatten, die vor vielen Millionen Jahren versunken sind«, meint der Wissenschaftler. Weil die Platten unter dem heutigen Mittelmeer lägen, könnte es sich um die abgesunkenen Überreste des Urmittelmeers handeln.

Der ehemalige Meeresboden ruht keineswegs friedlich. Er ist umgeben von gigantischen Magmablasen, berichteten Forscher um Sebastian Rost von der Arizona State Universität. Das ist überraschend, weil in dieser Tiefe ein enormer Druck herrscht: Auf jedem Quadratzentimeter lastet ein Gewicht von rund 1300

Tonnen. Die Teilchen sollten also nicht zähflüssig, sondern fest sein. Dass dennoch Magma vorhanden ist, liegt vermutlich an örtlich aus dem Erdkern aufsteigenden Eisenschlacken, meinen die Wissenschaftler. Eisen senkt den Schmelzpunkt des Gesteins, vergleichbar mit Streusalz, das Eis auf der Straße schmelzen lässt.

Die Magmablasen in der D"-Schicht drücken örtlich sogar Dellen in die Erdoberfläche, meint Edward Garnero von der Arizona State Universität: Vulkaninseln wie Hawaii lägen exakt über solchen Blasen. Die neuen Studien bestätigen damit die Theorie über die Hot-Spot-Vulkane, die von gewaltigen Magmaschläuchen gespeist werden. Diese Plumes sollen von der Erdoberfläche bis hinunter zur Kern-Mantel-Grenze reichen, und die von Rost entdeckten Magmablasen wären demnach ihre Wurzeln. Angeheizt vom bis zu 7000 Grad heißen Erdkern, steigt das Magma langsam auf. Die seismischen Tomogramme des Geophysikers Stephan Sobolev vom Helmholtz-Zentrum Potsdam zeigen schemenhaft einen gigantischen Schlot heißen Gesteins unter Hawaii.

Die Plumes verbinden die höllische D"-Schicht mit der Erdoberfläche: Mit ihnen gelangt möglicherweise vor Äonen abgesunkene Erdkruste wieder ans Tageslicht. Das jedenfalls glauben Forscher um Janne Blichert-Toft von der École Normale Supérieure in Lyon. Sie fanden im Magmagestein Hawaiis Spuren alter Erdkruste. Das, sollte es bestätigt werden, wäre der Beweis für den gigantischen Gesteinskreislauf.

Manche Plumes sind so mächtig, dass sie sogenannte Supervulkane speisen und die Erde in Katastrophen stürzen können. Im nächsten Kapitel berichten Geologen, dass sich die Giganten unerwartet schnell mit Magma aufladen können. Das ist keine gute Nachricht.

# 24

## Das plötzliche Erwachen der Supervulkane

Der Blick von oben auf das Gebirge im Süden Boliviens verrät nichts von den unheimlichen Ereignissen im Untergrund. Schroff, kahl und leblos wirken die Anden, deren Gipfel hier 6000 Meter hoch aufragen. Radarsatelliten jedoch erkennen, was dem Auge verborgen bleibt – bei ihrem Überflug schicken sie elektromagnetische Strahlung los, die am Boden reflektiert wird. Und über dem Uturuncu-Massiv im Süden Boliviens haben sich die Signale zum Erstaunen der Forscher auf unheimliche Weise verändert.

Die Radarwellen wurden in letzter Zeit immer früher reflektiert, ihre Strecke vom Himmel zur Erde hat sich also verkürzt. Die Schlussfolgerung: Das Dach des Hochgebirges hebt sich auf einer Fläche zehnmal so groß wie der Bodensee, berichten die Forscher um Jennifer Jay von der Cornell Universität in Ithaca, USA. Es scheint sich zu bestätigen, was manche Forscher bereits gemutmaßt hatten: Der Uturuncu könnte ein Supervulkan sein. Das meint auch Shan de Silva von der Oregon State Universität, der den Vulkan erforscht. Der Berg sei ein schlafender Gigant. Dass sich Vulkangebiete heben, ist eigentlich nichts Besonderes. Die Größe der anschwellenden, nahezu kreisrunden Beule des Uturuncu jedoch verblüfft die Forscher.

Supervulkane – das klingt nach Hollywood-Katastrophenfilm. Doch die Gefahr ist real: Ausbrüche von Supervulkanen haben die Erde schon des Öfteren in schwere Krisen gestürzt. Ihre Eruptionen fördern mindestens die tausendfache Menge Magma zutage, die der Mount St. Helens in den USA 1980 bei einer der größten Eruptionen des vergangenen Jahrhunderts ausgespuckt hat. Die gigantischen Säurewolken und Aschemassen verdunkeln den Himmel auf Jahre. Pflanzen verdorren, Lebewesen verhungern. In der Erdgeschichte kam es immer wieder zu Ausbrüchen von Supervulkanen. Der letzte ereignete sich vor rund 25 000 Jahren in Neuseeland; die moderne Zivilisation hat bisher noch keinen mitbekommen. Sicher ist jedoch: Fände ein solcher Ausbruch heute statt, müsste die Menschheit Hungersnöte, Flüchtlingsströme und Wirtschaftskrisen verkraften. Etwa zwei Dutzend Supervulkane schlummern unter den Kontinenten. Wann der nächste Ausbruch zu erwarten ist, weiß niemand genau. Erschwert wird die Vorhersage dadurch, dass die Naturgefahr schwer zu erkennen ist; meist wird sie nicht durch einen Vulkankegel verraten. Ihre gigantischen Eruptionen sprengen alles weg: Der Boden explodiert, nur ein Krater mit der Fläche einer Weltstadt bleibt zurück. Die beiden wohl bekanntesten Supervulkane, die Phlegräischen Felder bei Neapel und der Yellowstone-Park in den USA, künden von ihren gewaltigen Magmamengen durch heiße Quellen – schwefelhaltiges Wasser dampft aus dem Boden.

Der Uturuncu-Vulkan hat seinen Kegel noch, weshalb ihn niemand als Supervulkan auf der Rechnung hatte. Er schien sogar erloschen. Das Alter seines Lavagesteins verrät, dass sein letzter Ausbruch fast 300 000 Jahre zurückliegt. Doch nun regt sich der Riese: Der Uturuncu hebe sich um ein bis zwei Zentimetern pro Jahr, berichten Jennifer Jay und ihre Kollegen. Und täglich schüttelten leichte Beben den Berg, im Jahr sind es mehr als tausend. Das Zittern künde vermutlich von aufsteigendem Magma, das sich durch den felsigen Untergrund zwänge und Gestein bersten lasse. In der Tiefe sammeln sich offenbar große Mengen davon: Die Daten ließen darauf schließen, dass jede Sekunde ein Kubikmeter Magma – also etwa zehn Badewannenfüllungen – in ein Reservoir etwa 15 bis 20 Kilometer unter dem Vulkan aufstiegen, erklärt der Geoforscher Noah Finnegan von der Universität von Kalifornien in Santa Cruz. Erdbebenwellen verlangsamen sich im Boden – ein deutliches Zeichen, dass das Gestein dort teilweise flüssig ist. Wie ein riesiger Ballon schwelle die Magmablase, erläutern die Wissenschaftler, der Druck steigt.

Die Andenregion zwischen Bolivien, Chile und Argentinien ist bekannt für vulkanischen Gigantismus. Geologen haben hier diverse Ablagerungen früherer Mega-Ausbrüche gefunden. In der Nähe des Uturuncu klaffen sechs Supervulkankrater. Die meisten dieser sogenannten Calderen entstanden in der Zeit vor zehn bis einer Million Jahren. Seither gab es offenbar nur noch kleinere Ausbrüche. Braut sich nun die nächste Supereruption zusammen? »Was passieren wird, können wir nicht vorhersagen«, sagt Matthew Pritchard von der Cornell Universität. Unmittelbar drohe vermutlich keine Gefahr am Uturuncu. Auch andere Supervulkane sind in Bewegung, ohne dass es in letzter Zeit Ausbrüche gegeben hätte. Doch einen Unterschied gibt es: Bei den anderen Supervulkanen hebt sich nicht solch eine riesige Fläche wie am Uturuncu.

Um die Bedrohung besser einschätzen zu können, müssten die Experten wissen, wie viel Magma bereits unter dem Vulkan schlummert und seit wann es durch den Boden strömt. Ablagerungen ausgetrockneter Urzeitseen am Gipfel des Uturuncu verraten, ob sich das Dach des Vulkans schon früher bewegt hat: Liegen ihre Sedimente nicht waagerecht, hat sich das Gebirgsdach wahrscheinlich ausgebeult und die Ablagerungen verschoben. Doch das war offenbar nicht der Fall: Die Seeablagerungen früherer Zeiten liegen so horizontal wie die heutigen, haben Finnegan und seine Kollegen herausgefunden. »Bislang haben wir keine Hinweise darauf entdeckt, dass die Bewegung des Vulkans schon länger andauert.« Erdbebendaten und Radarkarten zeigten aber, dass sich der Vulkan wohl immerhin seit mindestens 20 Jahren hebe, sagt Finnegan. Der Uturuncu ist demnach gerade erst aus seinem Jahrtausendschlaf erwacht. Für eine Supereruption müsse sich wohl noch weitaus mehr Magma anstauen, meint der Experte.

Wie würde sich ein bevorstehender Ausbruch ankündigen? Experten nahmen an, dass es Jahrtausende dauert, bis sich das Magmareservoir eines Supervulkans aufgeladen hat. Entsprechend lange würde die Erde rumpeln, sich anheben und der Menschheit mit all den Warnsignalen Zeit lassen, sich auf eine Eruption einzustellen. Doch es kann offenbar auch ganz schnell gehen: Das Magma sammelt sich neuen Forschungen zufolge nicht stetig, sondern strömt in Schüben nach oben. Der Großteil des Reservoirs eines Supervulkans füllt sich demnach binnen Jahrzehnten. Und selbst kurzfristig, innerhalb einiger Monate, könnten große Magmamengen nachströmen und letztlich den Ausbruch auslösen, berichtet die Forschergruppe um Timothy Druitt von der Blaise-Pascal-Universität im französischen Clermont-Ferrand.

Die Geoforscher haben Vulkangestein von der griechischen Insel Santorini untersucht, die vor 3600 Jahren bei einer gewaltigen Eruption teilweise weggesprengt wurde. Die Eruption erreichte zwar streng genommen nicht die Ausmaße eines

Supervulkans. Gleichwohl erlaube das Gestein, das bei dem Ausbruch weggeschleudert wurde, Rückschlüsse darauf, was vor großen Eruptionen unter der Erde geschehe. Das Gestein entstand im Magma, das in der Hexenküche unter dem Santorini-Vulkan brodelte. Minerale bestehen aus Schichten, ähnlich den Jahresringen von Bäumen. Wie ein Tagebuch haben sie die Veränderungen in der Magmakammer vor der Eruption aufgezeichnet: Je nach Zusammensetzung der Brühe im Erdinneren und seiner Temperatur fügen sich Substanzen aus dem Magma zu Mineralen zusammen. So verrät jede neue Mineralschicht einen neuen Magmaschub im Vulkan. Über die Schnelligkeit der Ereignisse geben Spurenelemente Auskunft: Sie wandern langsam durch das Mineral, das in der Magmakammer treibt; Magnesium beispielsweise mit einem Tausendstel Millimeter pro Jahr. Aus der Strecke, die ein Spurenelement im Mineral zurückgelegt hat, schließen die Forscher, wie lange eine Mineralschicht stabil war; in dieser Zeit drangen keine neuen Magmaschübe vor.

Das Ergebnis beeindruckt: In den 18 000 Jahren vor dem Ausbruch passierte unter Santorini offenbar nicht viel. Erst 100 Jahre vor der Eruption drängte Magma massiv in den Boden unter der Insel. Die nachströmende Menge habe sich zu der Zeit um das Fünfzigfache erhöht, schreiben Druitt und seine Kollegen. In dieser Phase würden Erdbeben vermutlich deutlich häufiger werden und wie ein Countdown die Katastrophe ankündigen. »Der Aufstieg der Schmelzen kann in kurzer Zeit enorme Mengen umfassen«, erklärt der Vulkanologe Birger Lühr vom Helmholtz-Zentrum in Potsdam. Der zügige Nachschub habe die Magmakammer »zum Bersten gefüllt«, kommentiert sein Kollege Valentin Troll von der Universität Uppsala in Schweden den neuen Befund.

Seine Studie zeige, welch große Herausforderung die Überwachung von Supervulkanen sei. In den Jahrzehnten vor einem Ausbruch seien zwar verstärkt Erdbeben und andere Warnsignale zu erwarten. Doch wie lässt sich erkennen, wann der Vulkan zum Endspurt ansetzt? Eine genaue Antwort fällt schwer. Manche Supervulkane regen sich seit Jahrzehnten: Die Phlegräischen Felder heben sich merklich, unter dem Yellowstone-Park rumpelt es. Und auch die Erde von Santorini ist erwacht: Seit 2011 lassen immer wieder kleinere Beben die Insel leicht zittern. Doch wann der große Knall bevorsteht, weiß niemand. Die Giganten blieben rätselhaft, sagt Lühr. »Warum es letztlich zum großen Ausbruch kommt, wissen wir nicht.«

Für den Uturuncu bedeuten die neuen Erkenntnisse jedenfalls nichts Gutes. Im Lauf der nächsten Jahrzehnte sei »alles möglich«, meint Matthew Pritchard. »Wir müssen lernen, die Signale des Vulkans besser zu verstehen.« In den Weiten der Anden könnten sogar noch weitere unheimliche Überraschungen auf die Wissenschaftler warten, die Region ist kaum erforscht.

Wie rätselhaft Vulkane sind, zeigt im nächsten Kapitel auch die größte Eruption der vergangenen 10 000 Jahre. Im Jahr 1258 stürzte ein Ausbruch die Welt in eine Katastrophe – Forscher wissen jedoch nicht, wo sich der gigantische Feuerberg befindet. Immerhin präsentieren sie eine neue Spur.

# 25

## Der unfassbare Vulkan

Er ist ihnen immer wieder entwischt. Seit Jahrzehnten läuft die Jagd nach dem Bösewicht, doch bislang konnte das Suchkommando lediglich eine Verdächtigenliste präsentieren. Der Schuldige aber wurde nicht gestellt. Dabei geht es nicht um irgendein Delikt, sondern um die gewaltigste Tat der vergangenen Jahrtausende: Wissenschaftler fahnden nach dem Vulkan, der im Jahr 1257/58 mit einem gigantischen Ausbruch die Welt in eine schwere Krise stürzte.

Die jüngste Beweisaufnahme liefert neue Indizien. Fest steht: 1257/58 muss irgendwo auf der Erde ein mächtiger Vulkan ausgebrochen sein. Historische Aufzeichnungen berichten von außergewöhnlich frostigen Wintern und kühlen, regnerischen Sommern in den Folgejahren; Missernten, Hungersnöte und Seuchen waren die Folge. Allein in London seien ein Drittel der Einwohner dem Ausbruch zum Opfer gefallen, berichten Wissenschaftler um Don Walker vom Museum of London Archeology. Sie gründen ihre Vermutung auf die Aufzeichnungen von Mönchen und die Funde mittelalterlicher Massengräber: Monatelang sei es kalt gewesen, notierte ein Mönch 1258: »Keine Blume, kein Keim ging auf; die Hoffnung auf Ernte war vergebens.« Tausende Menschen seien allein in London gestorben.

Mittelalterliche Massengräber mit bis zu 18 000 Toten in London führt Walker auf das Vulkan-Desaster zurück.

Die Eruption scheint der Auftakt der Kleinen Eiszeit gewesen zu sein, die vom Ende des 13. bis ins 19. Jahrhundert herrschte. Mehrere Vulkaneruptionen Ende des 13. Jahrhunderts hatten wohl die Abkühlung verstärkt. Der erste und größte Schlag ereignete sich aber 1257/58. Das wissen Forscher aus dem Eis an Nord- und Südpol: 1258 fiel in Grönland und der Antarktis außergewöhnlich schwefelhaltiger Schnee, wie Geologen Anfang der 1980er Jahre feststellten. So viel Schwefel hatte in den vergangenen 10 000 Jahren kein Vulkan in die Luft geschleudert. Irritiert stellten die Forscher jedoch fest, dass in den Chroniken nichts von einer Vulkankatastrophe zu lesen war, nur das schlechte Wetter wurde beschrieben. Dabei hätte eine Eruption dieser Größe Anwohnern im Umkreis von etwa 2000 Kilometern nicht entgehen können – Asche, Lava und Gestein hätten sich dick über die Landschaft gelegt. Weltweit müssen die Folgen gravierend gewesen sein. Die Schwefelmenge von 1257/58 war ungefähr achtmal größer als beim Ausbruch des indonesischen Vulkans Krakatau 1883, der das Klima für mehrere Jahre abkühlte. Die Schwefeltröpfchen verteilten sich 1883 in der oberen Atmosphäre, sie legten sich jahrelang als Schleier um die Erde und blockierten das Sonnenlicht. Der Ausbruch 1257/58 übertraf bei Weitem auch jenen des Tambora in Indonesien 1815, der in Europa das »Jahr ohne Sommer« verursachte.

Forscher spielten die mutmaßliche Wirkung des 1258er-Vulkans bislang herunter: Wachstumsringe in Bäumen, die normalerweise sensibel auf Witterungsänderungen reagieren, schienen zu zeigen, dass es 1258 und danach keine besonders gravierende Wetterverschlechterung gab. 2012 aber hatten

Klimatologen um Michael Mann von der Pennsylvania State Universität ermittelt, dass gerade die Unauffälligkeit der Bäume ein Indiz für die besondere Heftigkeit des Ausbruchs im Jahr 1257/58 war: Bei extremer Abkühlung würden Bäume mitunter gar nicht mehr wachsen und somit keine Aufzeichnungen des Wettergeschehens liefern. Die Jahre nach 1258 wären in den Wachstumsringen der Bäume also gar nicht verzeichnet. Doch selbst Jahre nach der Katastrophe, als die Aufzeichnungen der Bäume wieder einsetzten, zeigten die Jahresringe eine Verschlechterung des Klimas. Rechne man die Kühlung zurück auf die Zeit unmittelbar nach 1258, ergäbe sich ein weltweiter Temperatursturz um zweieinhalb Grad, haben Michael Mann und seine Kollegen berechnet – es lässt sich also von einer Klimakatastrophe um 1260 sprechen.

Vermutlich sei es kein Zufall, dass in Europa just zu jener Zeit die sogenannte Flagellanten-Bewegung geboren wurde, meint Richard Stothers von der NASA, der sich als einer der Ersten eingehend mit dem Thema befasst hat. Ab 1260 peitschten sich Menschen in aller Öffentlichkeit selbst aus, angeblich um die Schuld für das Unheil der Welt auf sich zu nehmen. Damals hätte sich giftiger Schwefelnebel über die Welt gelegt, der das Vieh und Getreide verkommen ließ, berichtet Stothers nach Sichtung von Chroniken. Selbst wolkenloser Himmel habe den Mond über Europa von 1258 bis 1262 verdunkelt. Doch woher kam der Schwefel? Aus den Ablagerungen im Eis grenzen Forscher die Lage des Vulkans ein: Der Übeltäter könnte in den Tropen liegen, vermutet Klimaforscher Thomas Crowley von der Duke Universität in den USA. Dafür spreche, dass sich an beiden Polen ähnlich mächtige Schwefelschichten im Eis fanden. Weil die abgelagerte Menge in Grönland noch ein wenig größer sei als in der Antarktis, müsse man am ehesten in den nördlichen Tropen suchen. Vermutlich habe sich der Ausbruch im September 1257 ereignet, schrieb Crowley 2011. Man müsste Zeit dafür einrechnen, dass sich die Schwefelwolke zu beiden Polen hin bis 1258 gleichmäßig ausbreiten konnte.

Geologen präsentierten schließlich acht Verdächtige: den El Chichón in Mexiko, das Vulkangebiet Harrat Rahat in Saudi-Arabien, den Fentale in Äthiopien, den Quilotoa und den Cayambe, beide in Ecuador gelegen, den Pico de Orizaba in Mexiko, einen unbekannten Vulkan in den Anden und – als einzigen Vulkan auf der nördlichen Erdhalbkugel – den Katla in Island, der in jener Zeit mehrfach ausgebrochen war. Jeder dieser Kandidaten war vermutlich zur fraglichen Zeit aktiv. Indes: An keinem der Berge wurden Spuren eines extremen Ausbruchs gefunden. Deshalb glaubten Experten bereits an eine Eruption im Meer. Die Suche konzentrierte sich auf entlegene Inseln im Indischen und Pazifischen Ozean, wo ein Vulkan ohne Zeugen ausgebrochen sein könnte. Vulkane am Meeresgrund jedoch sind noch schwieriger zu erkunden als ihre Geschwister an Land.

Geologen begannen sich damit abzufinden, dass der Schuldige der Katastrophe von 1257/58 auf ewig unentdeckt bleiben würde. Im Herbst 2013 präsentierte ein Team um Franck Lavigne von der Sorbonne in Paris dann einen heißen Kandidaten: Der Rinjani auf der indonesischen Insel Lombok sei zwischen Mai und Oktober 1257 ausgebrochen. Historische Berichte, verfasst auf Palmenblättern, hätten den Delinquenten verraten: Die Chronik *Babad Lombok* beschreibt, wie der Berg Samalas ausgebrochen ist, der zum Rinjani-Vulkan gehört, und wie er einen hufeisenförmigen Krater hinterließ. Den Berichten zufolge verwüstete die Eruption Pamatan, die Hauptstadt des Königreichs Lombok.

Die Forscher verglichen die Ablagerungen in der Umgebung des Vulkans mit den Befunden aus Eisbohrkernen in Grönland und der Antarktis, sie nahmen also gewissermaßen den Fingerabdruck des Vulkans – und Treffer: Die chemische Zusammensetzung der Ablagerungen im Eis der Pole aus jener Zeit scheint identisch. »Die Ähnlichkeit der Asche des Samalas mit vulkanischem Glas im Eis von Grönland und der Antarktis, das vom größten Sulfat-Ausstoß der letzten Jahrtausende hinterlassen wurde, weist auf diesen Vulkan als Quelle des großen stratosphärischen Staubschleiers Mitte des 13. Jahrhunderts hin«, schreiben Lavigne und seine Kollegen. Auch die anderen Indizien passten: der tropische Ort, die Größe der Caldera, der Zeitpunkt der Eruption und ihre Stärke. Jetzt gelte es, vor Ort nach weiteren Spuren zu suchen. Die alte Hauptstadt Pamatan liege vermutlich unter vulkanischem Gestein begraben. Womöglich fände sich dort das Stadtleben jenes fatalen Tages im Jahr 1257 in Stein konserviert.

Es wäre eine ähnlich bedeutende Stätte wie Pompeji in Süditalien, wo ein Ausbruch des Vesuvs steinerne Abdrücke der Menschen im Todeskampf hinterlassen hat. Und auch der Vesuv kann jederzeit wieder ausbrechen. Im nächsten Kapitel prophezeien Simulationen, was bei einer Eruption geschehen würde. Hunderttausende Bewohner von Neapel wären in Lebensgefahr. Mit Sprichwörtern machen sie sich Mut vor dem drohenden Ernstfall.

## 26

## Das Vesuv-Orakel

Wer mag sie schon hören, die Warnungen vor Naturkatastrophen? Am wenigsten wahrscheinlich die Anwohner des Vesuvs, des wohl gefährlichsten Vulkans der Welt. Schon als Kind lernen sie die Geschichte, wie vor fast 2000 Jahren ihre Vorfahren in Pompeji unter heißen Aschewolken starben. Und wie 1631 und 1794 selbst schwächere Eruptionen Tausende in der Nähe von Neapel töteten. Wie auch 1906 und beim bislang letzten Ausbruch 1944 Menschen starben, obwohl es damals nur vergleichsweise winzige Rülpser des Vulkans waren. Und auch von den Dutzenden anderen Eruptionen der vergangenen Jahrhunderte wurde den Neapolitanern oft erzählt. »Besser einen Tag als Löwe leben als ein Leben als Feigling«, entgegnen sie einem gern, wenn sie auf die Gefahr angesprochen werden. »Das Problem wird verdrängt«, sagt der Vulkanologe William Aspinall von der Universität von Bristol.

Was würde heute, wo mittlerweile drei Millionen Menschen in der Gefahrenzone siedeln, bei einem Ausbruch geschehen? Ungewöhnlich lange schon ruht der Vesuv, seit fast 70 Jahren. Nur wenige Anwohner haben selbst erlebt, was eine Eruption bedeuten kann; das Risiko bleibt abstrakt. Wissenschaftler vergleichen die Situation mit der von Nordostjapan vor dem

Tsunami 2011: Die Küstenbewohner siedelten neben Wegsteinen aus dem Mittelalter, deren Inschriften vor Riesenwellen warnten. In Neapel sollen jetzt moderne Medien Überzeugungsarbeit leisten: Mit einer Animation will der Vulkanologe Augusto Neri vom Istituto Nazionale di Geofisica e Vulcanologia (INGV) veranschaulichen, was geschehen kann. Das 3-D-Modell seiner Vesuv-Eruption beruht auf aktuellen Daten. »Wir wollen keine Panik verbreiten«, betont Neri. Die Animation sei keine exakte Vorhersage, sie zeige eine mögliche Eruption mittlerer Stärke wie jene von 1631. Solch ein Szenario sei für die kommenden Jahre am ehesten zu erwarten.

»Wir wollten wissen, wie der Aschestrom aussehen würde, welche Form, Temperatur und welchen Druck er hätte«, sagt sein Kollege Robin Spence vom privaten Forschungszentrum Cambridge Architectural Research. Mithilfe des Modells lasse sich einschätzen, wo überhaupt noch gebaut werden dürfe. Die Erkenntnisse der Animation sind nicht ermutigend: Bei einem mittelstarken Ausbruch von rund 50 Millionen Kilogramm Asche pro Sekunde aus dem Krater »Gran Cono« schießt eine Hunderte Meter dicke Aschesäule etwa 20 Kilometer in den Himmel. Die erste Folge wären Wolken aus Asche und Lava, die den Himmel verdunkeln. Die tödliche Dramatik am Boden zeigt die Animation nicht, denn im Detail lässt sich nicht vorhersagen, was passieren wird. Doch der Ablauf ist bekannt: Ein Regen aus Lavasteinen prasselt auf Menschen, Straßen und Häuser. Beim großen Vesuv-Ausbruch 3800 v. Chr. legte sich eine vier Meter dicke Ascheschicht auf Neapel. Bei der simulierten Eruption hingegen sind es im weiteren Umkreis je nach Windrichtung nur ein paar Zentimeter, die niedergehen. Selbst diese Menge des Gesteinspulvers kann aber ausreichen, um Dächer einstürzen zu lassen.

Die größte Vulkangefahr kommt lautlos: 800 Grad heiße Glutlawinen rasen gespenstisch still den Berg herab, es sind die gefürchteten pyroklastischen Ströme. Die Simulation zeigt nun, dass die glühende Masse die Vulkanflanken keineswegs gleichmäßig fluten würde – stark besiedelte Regionen im Süden, Osten und Westen träfe es mit doppelter Wucht. Denn an einer Bergkuppe im Norden des Kraters prallt der Strom ab, um dann der Animation zufolge die Flanken herunterstürzen. Das Gemisch aus Lava, Asche und Steinen gleitet auf heißen Dämpfen wie auf einem Luftkissen mit gut 500 km/h. Wer nicht geflüchtet ist, hat keine Chance – die Überreste von Pompeji zeigen, was geschieht: In der Lunge festigt sich die Asche zu Zement, die Opfer ersticken; ihre Leichen verkohlen. Bei einer Autopsie müssen die Körper mit Hammer und Meißel geöffnet werden. Die Opfer in Pompeji wurden auf grausame Weise konserviert.

Sieben Kilometer weit schießen die Glutlawinen in der Simulation den Berg hinab; das Zentrum von Neapel würden sie also nicht erreichen, es liegt gut zehn Kilometer entfernt. Mindestens 600 000 Menschen leben jedoch in den Vororten auf den erstarrten Ablagerungen früherer Ascheströme. Der Staat hat den Bewohnern dieser sogenannten Roten Zone 30 000 Euro geboten, falls sie wegzögen – nur einige Hundert nahmen die Offerte bislang an. Stattdessen wurden dort Tausende neue Häuser gebaut; darunter sogar ein Krankenhaus. »Für die Bewohner der Roten Zone geht es bei einem Ausbruch um Leben und Tod«, sagt Neri.

Seit Jahrzehnten streiten Experten, wie im Ernstfall reagiert werden soll. Der aktuelle Notfallplan sieht eine Evakuierung der Roten Zone vor, sobald Vulkanologen in spätestens einer Woche einen Ausbruch erwarten. 16 500 Polizisten und

Soldaten sollen dann täglich 80 000 Menschen mit Autos, Bussen und Schiffen aus der Zone bringen – in einer Gegend, in der das Verkehrschaos Normalzustand ist. Bewohner außerhalb der Roten Zone sollen erst nach dem Ausbruch erfahren, ob sie flüchten müssen; je nach Gewalt der Eruption werden Maßnahmen angeordnet. Aber kann überhaupt rechtzeitig gewarnt werden? Eine Mischung aus Wettervorhersage und Vulkansimulation soll im Notfall eine Prognose erlauben.

Dass die Technologie aber noch am Anfang steht, haben die ungenauen Vorhersagen der Aschewolken aus Island 2010 und 2011 eindrucksvoll bewiesen. Meist wehe glücklicherweise Westwind in der Region, der die Asche wenigstens von der Millionenmetropole Neapel wegtreiben würde, beruhigen sich Anwohner gerne. Doch das sei eine trügerische Hoffnung, erklärt das Forscherteam um Ines Alberico vom Centro Interdepartimentale Ricerca Ambiente in Neapel. Die Wissenschaftler haben zwölf Ausbrüche seit 1649 aufgelistet, bei denen Aschewolken über Neapel niedergingen. Bei großen Ausbrüchen können demnach sogar pyroklastische Ströme die Stadt erreichen. Das Resümee der Forscher klingt mehr als unheimlich: »Die schwache Position der Stadt Neapel wird meist übersehen.«

Eine Vulkankatastrophe der besonderen Art könnte einst Sibirien getroffen haben, wie Forscher im nächsten Kapitel berichten. 1908 mähte eine Explosion dort Tausende Bäume um. Wilde Spekulationen folgten: War es ein Meteorit, Antimaterie oder gar ein Ufo? Ein Geologe verfolgt eine spektakuläre Theorie. Demnach schossen Feuerraketen aus der Erde – und das könnte auch in Europa passieren.

# 27

## Feuerraketen aus dem Boden

Im Morgengrauen des 30. Juni 1908 ereignete sich in der Einöde Westsibiriens ein Inferno, dessen Ursache bis heute mysteriös geblieben ist. Ein gewaltiger Knall zerriss die Stille der Taiga am Fluss Tunguska, dann brannte die Luft: Ein Hitzesturm knickte alle Bäume um – in einem Gebiet, fast so groß wie das Saarland. Noch in Europa sahen Menschen den Nachthorizont leuchten.

Trotz der vielen Zeugenberichte rätseln Wissenschaftler noch immer über die Ursache dieser Explosion. Geoforscher haben nun Belege für eine erstaunliche Theorie: Demnach schossen in Tunguska vulkanische Feuerbomben aus dem Boden. Die Katastrophe könnte sich wiederholen, auch in Europa – und zwar ohne Vorwarnung. Viele Forscher glaubten bislang, ein Meteorit habe den Knall von Tunguska verursacht. Allerdings wurden keine entsprechenden Spuren gefunden. Das kosmische Geschoss sei in der Luft explodiert, heißt es in Lehrbüchern. Aber warum gab es dann 14 Explosionen, wie Zeugen erzählten? Und warum drehte sich in Sibirien das Erdmagnetfeld für einige Stunden, wie russische Geophysiker glauben herausgefunden zu haben?

Spekulationen gibt es viele. 2002 meldeten russische

Abenteurer sogar den Fund von Ufo-Teilen in Tunguska. Sie würden »im Labor untersucht«, hieß es damals. Die Verkündung eines Ergebnisses lässt jedoch auf sich warten. Bereits in den 1950er Jahren mühten sich Forscher, das Rätsel von Tunguska zu lösen – sie stellten es mit Spielzeug nach, Knallkörper pusteten Miniaturbäume um. Sorgsam gefilmt inspirierte die plastische Anschauung gewagte Theorien: Antimaterie-Beschuss aus dem All habe die Explosionen ausgelöst, schrieben Physiker 1958. Falsch, ein kleines Schwarzes Loch habe die Erde durchbohrt, konterten zwei Astronomen 1973. Beide Studien überzeugten immerhin die Gutachter des renommierten Wissenschaftsmagazins *Nature*. Allerdings konnte nie recht geklärt werden, warum Antimaterie beziehungsweise ein Schwarzes Loch in unteren Luftschichten Explosionen erzeugten, ansonsten aber offenbar folgenlos umherflitzen konnten. 1983 präsentierte ein Chemiker aus den USA Eisenkügelchen aus der Taiga. Sie würden beweisen, dass ein 160 Meter dicker Himmelskörper über Sibirien explodiert sei. Geologen jedoch blieben misstrauisch: Die Gegend liege über einem alten Vulkan, der ebenfalls Metallkugeln gespuckt haben könnte, erwiderten sie. Dennoch glauben viele Fachleute noch immer an eine Bombe aus dem All. Ein Komet aus Eis wäre allerdings schon beim Eintreffen in die Atmosphäre zerborsten, wenden Kritiker ein. Steinmeteoriten hingegen durchdringen zwar die Luft, aber sie explodieren eigentlich nicht.

Italienische Geologen glauben inzwischen, den mutmaßlichen Einschlagkrater gefunden zu haben: den Tschekosee. Ihre Studie erklärt ausführlich, warum Tiefe und Umrisse des Sees nur von einem Meteoriten geformt worden sein konnten. Bald jedoch meldeten sich Einheimische zu Wort: Sie verstünden zwar nichts von Wissenschaft, entschuldigten sie sich, jedoch hätten ihre Vorfahren den Tschekosee schon vor 1908 gekannt. Damit standen die Forscher wieder am Anfang, denn eindeutige Spuren eines kosmischen Brockens gibt es nicht. Bislang wurden in Tunguska keine außerirdischen Partikel gefunden. Dennoch berichten die meisten Fachbücher weiterhin, ein Einschlag sei das wahrscheinlichste Szenario. Der Physiker Wolfgang Kundt von der Universität Bonn vertritt hingegen die Meinung, das Unheil sei nicht von oben gekommen, sondern von unten: Eine riesige Erdgasblase sei aus dem Boden geschossen und habe sich entzündet. Im matschigen Boden Tunguskas blubbern tatsächlich beträchtliche Mengen Methangas. Deshalb gewinnt Kundts Idee immer mehr Fürsprecher.

Eine andere Theorie könnte das Szenario womöglich noch besser erklären. Von Magma getriebene Feuerbomben seien aus dem Boden geschossen, berichten Forscher um Jason Phipps-Morgan von der Cornell Universität in Ithaca, USA. »Verneshots« nennt Morgan die hypothetischen Explosionen, nach einer Kanone, die Jules Verne in einem seiner Romane beschreibt. Diese Eruptionen brauten sich dort zusammen, wo die Erdkruste besonders dick sei, glaubt der Geophysiker. Neben Sibirien kämen demnach auch weite Teile Europas, Nordamerikas und Australiens für die Feuerbomben infrage. Dort staute sich in der Tiefe Magma, ohne dass Vulkane die Hitze abführten. Dabei sammelte sich auch vulkanisches Gas. Schließlich halte die Erdkruste dem Druck nicht mehr stand, sie zerreiße: Mit gewaltiger Energie brechen Magma, Gas und Gestein kilometerhoch in die Luft, hatte Morgan bereits 2004 berichtet, als er seine Theorie der »Verneshots« vorstellte. Die Explosionen könnten manche Katastrophe der Erdgeschichte ausgelöst haben, etwa das Aussterben der Dinosaurier, schrieb der Geophysiker damals. Schließlich erkläre bislang keine Theorie das Massensterben der Riesentiere am Ende der Kreidezeit auf schlüssige Weise.

Nun hat Morgan zusammen mit seiner Kollegin Paola Vannucchi von der Universität Florenz und anderen Forschern Belege dafür gefunden, dass sich auch in Tunguska ein solcher vulkanischer Schluckauf ereignet hat: Erst ließ der Druck der Gasblase die Taiga beben, dann schoss das Gas aus dem Waldboden, die Hitze entzündete es, und eine Feuersäule erhob sich. Bald schossen weitere brennende Gasfackeln gen Himmel, die sich schließlich zu einem mächtigen Feuerpilz vereinigten. »Er muss einem Atompilz geähnelt haben«, meint Morgan. Mehrere Beobachtungen vor Ort stützen die These: Risse durchziehen den Boden in Tunguska – das seien Entgasungsspalten; sie finden sich üblicherweise an Orten von Gas- oder Magmaausbrüchen. Zudem liegt die Region auf dem Lavagestein eines gigantischen Vulkanausbruchs: Vor 250 Millionen Jahren flossen in Sibirien Unmengen Lava aus dem Boden. Die Magmaquelle wäre also vorhanden, betonen die Forscher.

Unter dem Lavagestein haben Morgan und seine Kollegen zerquetschte Quarzkristalle gefunden, die älter sind als der Vulkanausbruch vor 250 Millionen Jahren. Sie könnten bei einem Meteoriteneinschlag entstanden sein – oder bei einem weiteren »Verneshot«. Zwei »Verneshots« seien plausibler als unterschiedliche Katastrophen am selben Ort: »Meteoriten, Vulkane, beides an derselben Stelle – das erscheint uns zu viel Zufall«, sagt Morgan. Vielmehr müssten die Ereignisse eine gemeinsame Ursache haben. Alle Beobachtungen in der Region ließen sich am elegantesten mit »Verneshots« erklären. Demnach brodelt es tief unter der Taiga. Jederzeit könnten in Tunguska erneut Magmaraketen und Feuerbälle aus dem Waldboden schießen. Andernorts aber ebenso. Wo es als Nächstes passieren wird, weiß niemand.

Ein ebenso erstaunliches Naturphänomen in Afrika lässt Wissenschaftler im nächsten Kapitel rätseln. Die Savanne im Südwesten des Kontinents ist mit Tausenden Grasrandkreisen übersät. Ufos, Meteoriten und kosmische Strahlen scheiden auch hier als Ursache aus – aber was war es dann?

# 28

## Mysterium der Feenkreise

Es scheinen viele Feen umherzuschweifen im Südwesten Afrikas. Ihren Tänzen werden die geheimnisvollen Kreise im Gras zugeschrieben, die von Angola bis Namibia zu Abertausenden zu finden sind. Tatsächlich wären Feen nicht die schlechteste Erklärung für die kahlen Kreise in der Savanne: Ufos, Meteoriten, Landminen oder kosmische Strahlen, die auch ins Gespräch gebracht wurden, kommen als Ursache jedenfalls nicht infrage.

Eine Studie, veröffentlicht in *Science*, sollte die Feenkreise, im Fachjargon »Fairy Circles« genannt, erklären. Termiten seien dafür verantwortlich, berichtete Norbert Jürgens von der Universität Hamburg. Ist das Geheimnis also endlich gelüftet? Kaum publiziert, erntete die Arbeit heftigen Widerspruch in der Fachwelt. Es sei erstaunlich, dass die Studie von den Gutachtern des Magazins akzeptiert wurde, meint Walter Tschinkel von der Florida State Universität, der die Feenkreise seit acht Jahren erforscht.

Jürgens stützt sich auf einen statistischen Befund: An den meisten Feenkreisen hat er zahlreiche Termiten beobachtet. Die Tierchen seien oft als einzige Wesen an jüngeren Kreisen anzutreffen, berichtet der Biologe. Folglich seien sie vermutlich an der Entstehung beteiligt. Die nicht selten 20 Meter breiten

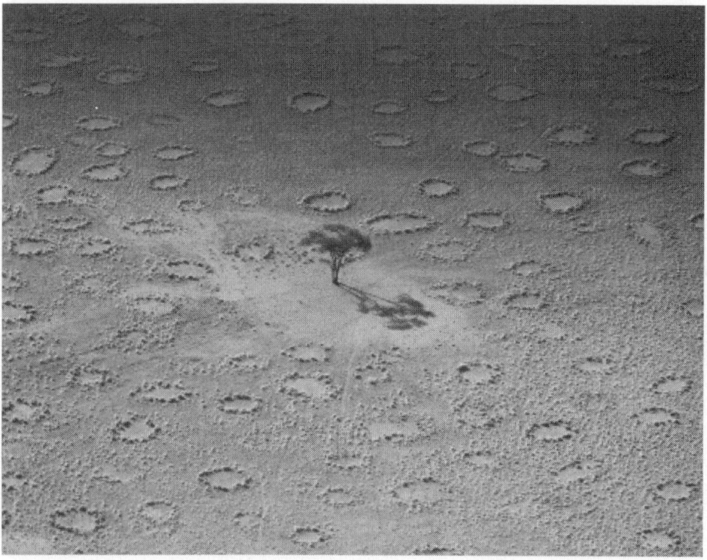

Namibrand in Namibia: Abertausende Feenkreise zieren die Landschaft.

Kreise bestehen meist Jahrzehnte. Satellitenbilder zeigen, dass neue wachsen, während alte vergehen. Jürgens hat dafür eine Erklärung: Die Termitenart *Psammotermes allocerus* mache sich über Graswurzeln her. Der kahle Boden komme den Tierchen zugute. Denn Regen versickere nun, anstatt von Gräsern aufgenommen zu werden oder auf dem Gras zu verdunsten. Das Wasser stärke schließlich die Termiten in ihren unterirdischen Nestern, der Feuchtigkeitsspeicher ermögliche es ihnen, auch Trockenzeiten zu überstehen. An den Rändern der Kreise aber wuchere das Gras umso höher, weil es mit weniger Vegetation konkurrieren müsse.

Die Theorie ist nicht neu; Termiten galten schon lange als mögliche Schöpfer des Geheimnisses. Jürgens aber liefert als Erster einen starken statistischen Zusammenhang zwischen der Menge der Krabbler und den Kreisen. Und genau hier liege das Problem, moniert Tschinkel: Jenseits der Zählung habe Jürgens kaum etwas zu bieten. Es fehlten Beobachtungen, dass Termiten tatsächlich das Gras vernichten würden. Auch anderen Experten fehlen konkrete Beweise: »Ich bin nicht überzeugt, dass *Psammotermes allocerus* eine ursächliche Rolle spielt bei der Entstehung der Kreise«, sagt Termitenforscherin Vivienne Uys vom Plant Protection Research Institute im südafrikanischen Queenswood. »Bei den Feenkreisen, die ich untersucht habe, waren Termiten eher selten«, wundert sich auch Michael Cramer von der Universität von Cape Town. Entscheidende Fragen blieben offen, betont Tschinkel: Warum bilden die Flecken zumeist Kreise? Warum verursachen die Tierchen nicht stattdessen gezackte Flächen? Das Ergebnis stehe in fraglichem Verhältnis zu ihrer Lebensweise: Termiten schaffen oftmals lange Tunnelnetze in der Erde. »Die Tunnel zeigen jedoch keine Beziehung zu den Kreisen«, berichtet er. Vielmehr würden die

Tierchen gewissermaßen jeden Quadratkilometer einen Durchbruch zur Oberfläche graben.

So bleiben weiterhin auch andere potenzielle Verursacher der Feenkreise im Rennen: Ameisen seien vermutlich die Schöpfer der rätselhaften Formen, meint der Biologe Mike Picker von der Universität von Cape Town. Tschinkel und Cramer hingegen glauben nicht mehr an Tiere als Ursache, sie favorisieren eine andere Theorie. In der regenarmen Savanne wetteifere die Vegetation besonders intensiv um Wasser – aus diesem Grund entstünden die Kreise womöglich von selbst: Leichte Unterschiede in der Bodenfeuchte sorgten dafür, dass sich das Gras in bestimmten Arealen gleichmäßig in alle Richtungen zurückziehe. Bewiesen, sagt Tschinkel, sei aber noch nichts. Habhaft werden können die Forscher des Phänomens bislang nur auf profane Weise: Für 50 Dollar verkauft der Nationalpark von Namibia die Patenschaft an einem Feenkreis. Die Nachfrage sei groß.

Ein geologisches Rätsel in der Atacama-Wüste in Chile glauben Wissenschaftler im nächsten Kapitel hingegen klären zu können. Dort liegen Felsbrocken, die blank geschliffen sind. Dabei fließt in der Einöde kein Wasser, wodurch die glatten Oberflächen sich erklären ließen. Bei einem Picknick kamen Geologen der Ursache zufällig auf die Spur.

# 29

## Rätsel der polierten Felsen

Die Sensation in der Atacama-Wüste in Chile wurde lange übersehen. Achtlos fahren Touristen an den Felsbrocken vorbei, die zu Abertausenden über den kargen Boden verstreut liegen, als hätte ein Riese sie dorthin gekegelt. Auch der Geologe Jay Quade von der Universität von Arizona, der die Atacama immer wieder durchquert hat, ahnte nichts von dem Geheimnis, das die Steine umwehte.

Seinem knurrenden Magen ist es zu verdanken, dass das Rätsel gelöst wurde. Vom Hunger geplagt, stoppten Quade und seine Kollegen ihren Wagen für eine Rast in der Wüste. Während des Picknicks hätten sie ihre erste kuriose Entdeckung gemacht, berichten die Forscher: Die Felsen waren an ihren Seiten glatt poliert; weißliche Flächen überzogen den Stein. Wie, fragten sich die Geologen, war das möglich? Mitten in der Wüste gab es schließlich kein fließendes Wassers, das die Steine geglättet haben könnte.

Vergrößert wurde das Rätsel noch durch das Alter der Felsen: Seit etwa zwei Millionen Jahren liegen die meisten von ihnen bereits auf der Ebene. Das beweise ein dunkler Belag aus Manganoxid – sogenannter Wüstenlack –, der die Steine an ihren unpolierten Stellen überziehe, erklären Jay Quade und seine

Kollegen Peter Reiners und Kendra Murray. »Trotz dieses Alters sind die Steine frisch geschliffen«, staunt Quade. Auf einer weiteren Tour der Forscher durch die Atacama half der Zufall bei der Lösung des Mysteriums: »Als wir bei den Steinen rasteten, bebte plötzlich die Erde«, berichten die Geologen. Und auf einmal wurden die Wissenschaftler Zeugen eines erstaunlichen Ereignisses: »Ein ohrenbetäubendes Klackern wie von Tausenden Hämmern setze ein«, erzählt Quade, die Felsen vibrierten. »Es war erstaunlich, das Erdbeben zeigte uns, wie die Steine poliert werden.« Das Beben der Stärke 5,3 – es dauerte etwa eine Minute – ließ die Steine holpern und gegeneinanderstoßen, sie scheuerten sich gegenseitig die Seiten blank.

Quade wurde von dem Beben in ungünstiger Lage erwischt: Auf einem Fels stehend, hielt er einen Vortrag für seine Kollegen. »Der Stein unter mir begann zu wackeln, er knallte gegen seinen Nachbarstein«, erzählt der Geologe. Gleich nachdem er das Ruckeln balancierend überstanden hatte, begann er zu überlegen: Waren die Beben wirklich die entscheidende Kraft?

Laut Statistik wird die Atacama-Wüste alle vier Monate von einem Beben mit einer Stärke von mindestens 5 erschüttert. Gemessen an der Zeit von rund zwei Millionen Jahren, die die Felsbrocken auf dem Boden liegen, hätten die Felsen 50 000 bis 100 000 Stunden Polieren hinter sich, resümiert Jay Quade. Die Zeit reiche aus, um die Oberflächen der Steine blank zu schrubben. Die ganze Geschichte der polierten Steine geht demnach wie folgt: In den letzten Jahrmillionen rollten Gesteinsbrokken von den Hügeln der Atacama zu Tal; vermutlich haben dabei ebenfalls Erdbeben nachgeholfen, meinen die Forscher. Die Steine sammelten sich zu Tausenden auf der Ebene. Bald lagen sie »Schulter an Schulter, wie Wartende auf einem vollen

Bahnsteig«, sagt Quade. »Doch hier kam keine Eisenbahn, sondern Erdbeben.«

Die Entdeckung zeige, dass Erdbeben eine große Rolle bei der Verwitterung spielen können, erläutern die Geologen. Es bedürfe also keiner Niederschläge wie Regen, und es erfordere weder Wind noch Kälte oder Flüsse, um eine Landschaft zu erodieren. Das regelmäßige Zittern der Erde sei eine bislang unterschätzte Kraft der Verwitterung – auf Planeten ohne Atmosphäre und Wasser wie dem Mars könnte sie Landschaften entscheidend prägen. So geben die bislang wenig beachteten Steine aus der Atacama-Wüste sogar Einblick in das Leben fremder Welten.

Einem geologischen Rätsel in Mitteleuropa kommen Forscher im nächsten Kapitel auf die Spur. Erst jetzt können sie erklären, wie eine scheinbar banale Landschaftsform entsteht: Hügel.

# 30

## Tropfen aus Sand

Kaum jemand wundert sich über die grasbewachsenen Kuppen, die das Alpenvorland prägen. Dabei bergen sie ein wissenschaftliches Geheimnis. Vor allem rund um den Bodensee erheben sich die nach dem irischen Wort für »kleine Hügel« benannten Drumlins.

Geologen rätselten lange, wie die länglichen, bis zu 40 Meter hohen Kuppen entstanden sind. Sie nahmen an, dass Gletscher der Eiszeit die Erdhaufen abgelagert haben. Doch wie das genau vor sich gegangen ist, vermochten sie nicht zu erklären. Unter dem Eispanzer der Antarktis konnten Geoforscher nun erstmals bezeugen, wie ein Drumlin entsteht. Das Projekt habe der Suche nach einem seltenen Tier geglichen, berichtet Tavi Murray von der Universität Wales in Swansea. Zusammen mit sechs Kollegen lag die Geologin 1991, 1997 und 2004 auf dem Rutford-Gletscher in der Antarktis auf der Lauer. Die Forscher zündeten in Bohrlöchern schwache Explosionen, deren Echos sie mit Mikrofonen aufzeichneten. Je länger der Schall bis zum Boden und zurück unterwegs war, desto tiefer reichte das Eis. Die Qualität des Geräusches gab Aufschluss über die Beschaffenheit des Untergrunds: Steinboden etwa sorgt für klaren Ton, Sand hingegen streut den Schall, das Signal verrauscht.

Bei ihrem letzten Besuch des Rutford-Gletschers erlebten die Geologen eine Überraschung. An einem Ort wurde der Schall schneller reflektiert als in den Jahren zuvor. Die Forscher betrachteten die Linie genauer, die der Schall aus zwei Kilometer Tiefe nachgezeichnet hatte: Es hatte sich ein zehn Meter hoher, hundert Meter breiter und einen Kilometer langer Hügel erhoben. Der Haufen bestand offenbar aus Sand, das zeigte das verrauschte Schallsignal. Kein Zweifel: Unter dem Gletscher hatte sich ein Drumlin gebildet.

Die Fachwelt staunt. »Eine interessante Entdeckung«, sagt Christian Schlüchter von der Universität Bern. Der Professor für Umweltgeologie möchte die Studie umgehend in seinen Lehrplan aufnehmen. In Fachbüchern finden sich bislang zahllose Theorien, wie Drumlins entstehen. Manche favorisieren die These, dass sich die Haufen aus Schmelzwasser in Gletscherspalten abscheiden. Andere erklären vage, Drumlins entstünden, wenn ein Gletscher Sandboden überfahre und zusammenschiebe. Der Vorgang dauere Jahrzehnte. Weit gefehlt: Spätestens nach sieben Jahren kann sich ein stattlicher Drumlin angehäuft haben, berichten Tavi Murray und Kollegen. Denn bei ihrem Besuch 1997 war von dem Hügel noch nichts zu sehen. Die Geologen konnten die meisten Entstehungstheorien nun ausschließen, nur zwei Prozesse lassen sich mit den Daten in Einklang bringen.

Demnach kann eine Furche im Gletscherboden Drumlins bilden: An Hindernissen reißt ein Eisstrom auf. Die Lücke schabt fortan Sand vom Untergrund, der sich allmählich anhäuft. Eine Ritze im Eis sei jedoch nicht unbedingt Voraussetzung, sagt Murray. Das Fließen des Gletschers allein genüge, um örtlich Sand anzusammeln. Der Vorgang sei vergleichbar mit Wüstenwind, der Sanddünen aufwerfe: An der Grenze zweier Substanzen entstehen Wellen, sofern die Zwischenlage beweglich ist. In der Wüste besteht die Grenze zwischen Luft und Boden aus Sand. Unter einem Gletscher liegt zwischen Eis und Boden häufig ebenfalls Sand. Kleine Unebenheiten könnten die Keimzelle eines Drumlins bilden. Der Gletscher schleift Sand in Fließrichtung, sodass der Haufen eine stromlinienförmige Gestalt annimmt. Drumlins weisen daher in die Richtung, in die Gletscher der Eiszeit vorgerückt sind. Die steile Seite der Drumlins befindet sich auf der Stoßseite des Eises. Auch hierfür liefern Geologen eine Erklärung: Die Tropfenform ist die Figur des geringsten Widerstandes. Dieses Gesetz der Strömungsdynamik veranschaulichen Regentropfen: Sie fallen mit der platten Seite voran – entgegen der Luftströmung.

Ihre Theorie, so hoffen die Forscher, könnte helfen, die Bewegung des Eises in der Antarktis besser vorherzusagen. Doch auch ohne prognostischen Nutzen ist der Wert der Studie immens. Denn Tavi Murray und Kollegen haben eine typische Landschaftsform Mitteleuropas endlich erklären können. Auch in der Nordsee formen Sandumwälzungen die Umwelt. Wie Daten eines Hightech-Messturms im Wattenmeer im nächsten Kapitel offenbaren, verlieren die Ostfriesischen Inseln dramatisch an Land. Die Sanddrift hat aber auch positive Folgen: Aus dem Wasser erhebt sich eine neue Insel.

# 31

## Neuland in der Nordsee

Deutschland bekommt Zuwachs: In Ostfriesland entsteht eine Insel. Eine alte Sandbank vor Juist wird nicht mehr von auflaufendem Wasser überspült. Bereits Anfang des Jahrtausends hatten Medienberichte Neugierige an den neuen Sandfleck westlich von Juist gelockt, ihre lärmenden Flugzeuge und Schiffe vertrieben Tiere von dem Eiland. Mittlerweile hat sich die Insel deutlich vergrößert. Sie trotzt selbst Sturmfluten, und ihre Dünen sind inzwischen drei Meter hoch. Seehunde haben das Eiland erobert. Kachelotplate heißt das Eiland, das mit seinen 150 Hektar in etwa der Fläche von 200 Fußballfeldern entspricht. In wenigen Jahren dürfte es sich Prognosen zufolge mit der Vogelinsel Memmert vereinigen. Auch Memmert ist jung, sie stieg vor gerade mal rund 400 Jahren aus dem Meer. Nun fragen sich die Ostfriesen: Wo entsteht die nächste Insel?

Wissenschaftler rätseln noch. Sie treibt vor allem die Frage um, wo die dynamische Nordsee Sand abträgt. Die Ostfriesischen Inseln sind bedroht – ihre Dörfer lagen einst zentral, nun stehen viele an den westlichen Inselkanten. Die vorherrschende West-Ost-Strömung der Nordsee reißt massenhaft Sand mit, der sich ostwärts ablagert. So lag der Strand von Wangerooge einst auf Spiekeroog. An den Westküsten aber müssen Deiche, an denen das gefräßige Meer genagt hat, ständig aufgeschüttet werden. Seit gut zehn Jahren überwacht ein gelber Turm zwischen Langeoog und Spiekeroog den Wettstreit Wasser gegen Land. Im Minutentakt sammelt der mit Sensoren vollgestopfte Wächter des Wattenmeers etwa 100 Messwerte über Partikel, Nährstoffe und Eigenschaften des Wassers. Er steht im »Tor zur Nordsee« zwischen Langeoog und Spiekeroog, einer Passage, durch die mit den Gezeiten fast alles Wasser strömt, das sich bei Flut im Rückseitenwatt hinter beiden Inseln befindet. Fast alle Sandkörner, die mit den Gezeiten zwischen Watt und Nordsee transportiert werden, müssen die Enge passieren. Die Bilanz der Messungen erhöht die Sorge der Anwohner, das Wattenmeer könnte Sand verlieren. »Wir haben einen Export insbesondere von feinem Schlick in die offene Nordsee festgestellt«, sagt Jürgen Rullkötter, leitender Wissenschaftler am Institut für Chemie und Biologie des Meeres an der Universität Oldenburg (ICBM).

Jüngst wurde ein Weltumsegler aus Hamburg von den untermeerischen Sandverlagerungen überrascht. Nach einem Törn rund um den Globus lief er auf seiner letzten Etappe vor Spiekeroog auf Grund; dabei brach der Kiel seiner Jacht. Statt triumphal im Hamburger Hafen einzulaufen, musste er mit dem Auto in die Heimat zurückkehren. »Ursache der Havarie war, dass sich der sandige Meeresgrund hier so rasch verändert«, erklärt der Ozeanograf Thomas Badewien vom ICBM. Seekarten sind oft schon veraltet, kaum dass sie gedruckt wurden. Aus Seefahrtsrinnen können Monate später gefährliche Untiefen geworden sein. »Sichtbar wird ja nur, wie viel Sand Sturmfluten von den Inseln räumen«, sagt Badewien. Unter Wasser jedoch richteten starke Strömungen mitunter in wenigen Tagen ähnliche Schäden an. Die Daten des Messturms belegen rasante

Umwälzungen. Bei Hochwasser ragt der Wachturm sieben Meter aus der wogenden Nordsee. Sein Kopf ist ein klobiger gelber Container, der eine Forschungsstation fasst. Mittels Solarzellen und Windrad versorgt der Turm sich selbst mit Energie. Für Stromengpässe stehen 24 Batterien bereit, jeweils einen Meter hoch und 82 Kilogramm schwer. Auf einer schmalen Metallleiter steigen Wissenschaftler und Ingenieure im Innern des Turms bis auf den Meeresgrund hinab. Dort durchziehen fünf Rohre den 1,60 Meter dicken Messturm, durch sie strömt Meerwasser. Live-Daten aus der Strömung werden vom Turm in die Labore an Land (und teilweise ins Internet) übertragen. Anhand der Daten prüfen die Forscher, wie viele Sandpartikel unterwegs sind.

Die Messungen zeigen: Die Sand- und Schlickebene der Nordseeküste ist nicht unerschöpflich. Zwar spülen Flüsse Sand ins Meer, und im Rhythmus der Gezeiten schwemmt die Flut zweimal täglich Sedimente in Richtung Küste, die sich während des kurzen Stillstands der Strömung beim Übergang zur Ebbe am Boden ablagern. Das anschließend ablaufende Wasser scheucht aber nicht alle Sandkörner wieder auf. Daher erhöht sich das Watt so lange, bis es über dem Meeresspiegel liegt und Marschland entsteht – oder bis eine Sturmflut den Sand zurück ins Meer holt. Die Küstenbewohner sorgen sich jedoch seit Langem, dass das System aus dem Gleichgewicht geraten sein könnte.

Seit der Mensch Deiche baut, schwappt das Meerwasser gegen Befestigungen, anstatt wie früher auszulaufen. So bleibt es in Bewegung – und darin auch die Sandkörnchen. Nur gröbere Partikel können sich noch aus der Strömung absetzen. Zugleich räumen vor allem Sturmfluten vor den Deichen den Sand erbarmungslos ab. »Wir wissen noch nicht genau, wie die Bilanz letztlich aussehen wird«, sagt Thomas Badewien. Zu

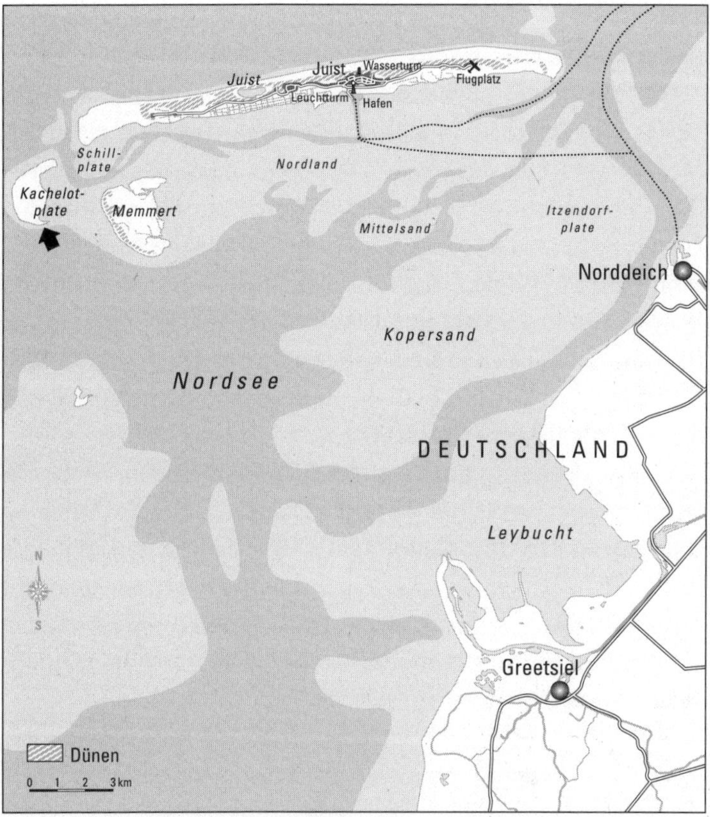


Neuland im ostfriesischen Wattenmeer: Seit ein paar Jahren wächst die Insel Kachelotplate aus der Nordsee. Auch ihr Nachbareiland Memmert ist vergleichsweise jung, es stieg vor gerade mal 400 Jahren aus dem Meer.

viele Einflüsse wirkten sich aus: Gezeiten, Stürme, Strömungen, Landveränderungen. Die Schwankungen des Sandtransportes seien zu hoch, um bereits entscheiden zu können, wer gewinnen wird: Meer oder Watt.

Mithilfe von Schallwellen, die von der Plattform des Turms ausgesendet werden, messen die Forscher den Sandgehalt des Meerwassers auch von oben. Treibende Sandkörner reflektieren die Schallwellen Richtung Messpfahl, wo Sensoren sowohl die Größe als auch die Menge der Sediment-Teilchen bestimmen. Womöglich liege das Geheimnis in den vielen Strudeln, die im Wattenmeer kreiseln, meint Badewien. Dunkle Färbung verrate, dass sie erhebliche Mengen Schlick aufwirbelten. Wie viel Sand schaffen sie weg? Die schaumberänderten Strudel sind flüchtig. Auch der Wächterpfahl im Watt kann sie nicht ergründen.

Inseln können schnell entstehen und vergehen. Erstaunlicherweise gilt Ähnliches für Orte auf dem Festland. Wenn man dort einen Ort nicht wiederfindet, kann das eine rein menschliche Ursache haben, wie allerlei pikante Fälle im nächsten Kapitel offenbaren: Atlanten werden gefälscht, seit es sie gibt. Selbst im Zeitalter von Satelliten und Google gibt es noch immer zahlreiche versteckte Orte.

# 32

## Es führt ein Weg nach nirgendwo

Griechenlands antike Bauwerke sind nicht immer leicht zu finden. Regelmäßig weisen selbst Navigationsgeräte in die Irre. Fast scheint es, nicht nur die Sehenswürdigkeiten selbst, sondern auch manche Landkarten Griechenlands stammten aus dem Altertum, so wenig Straßen sind verzeichnet. Doch die Karten sind nicht überholt, sie sind gefälscht. »In Griechenland und vielen anderen Ländern gibt es eine lange Geheimhaltungstradition für Verkehrswege«, erklärt Kurt Brunner, Kartograf an der Universität der Bundeswehr München. Brunner ist Dutzenden Landkartenfälschungen auf die Spur gekommen.

Selbst im Zeitalter von Satellitenaufklärung und Google Earth versuchen viele Länder, falsche Informationen über ihre Infrastruktur in Umlauf zu bringen. »Die Geheimhaltung von Landkarten ist in vielen Staaten üblich« sagt Brunner. So hat die Regierung Chinas kürzlich erklärt, bald gegen Internetkartendienste vorzugehen, wenn sie Karten des Landes veröffentlichen, die nicht den staatlichen Versionen entsprechen. Auch Länder Südamerikas, Osteuropas und Asiens gäben falsche Landkarten heraus, berichtet der Kartograf.

Der militärstrategische Nutzen der Geheimhaltung sei heute

jedoch minimal, schließlich ließen sich selbst kleine Wege mit Satelliten erspähen. Und die Bestrebungen vieler Staaten, die Satellitenbilder in Google Earth zu kontrollieren, sind bislang meist vergebens. Immer wieder sind über das Programm selbst hochauflösende Bilder militärischer Anlagen zu sehen.

Die Wirkung gefälschter Landkarten trifft hingegen vor allem Touristen auf der Suche nach Sehenswürdigkeiten und beeinträchtigt die Arbeit von Wissenschaftlern. Grenznahe Regionen etwa in Georgien, Griechenland, Türkei, Mazedonien oder Albanien werden auf Landkarten oft als »unerschlossenes Gebiet« ausgewiesen, bestenfalls große Durchfahrtswege sind dargestellt. Und weil auch Google Maps auf dieses Material angewiesen ist, findet sich auf dessen Karten viel weiße Fläche. Auf manchen Plänen verläuft lediglich eine einsame »Europastraße« – das sind die quer über den Kontinent führenden Hauptstraßen – durch scheinbar karge Wildnis. »Ganze Städte und Straßennetze wurden von den Landkarten getilgt«, sagt Kurt Brunner.

Neben China kontrolliert Russland seine Landkarten besonders konsequent. »Karten mit einem genaueren Maßstab als 1:1 000 000 dürfen dort ausschließlich für den Dienstgebrauch der Behörden verwendet werden«, erläutert der Kartenfachmann. Bereits in den 1930er Jahren hat in der Sowjetunion die Geheimpolizei die Kontrolle der heimischen Landkarten übernommen. Josef Stalin ordnete die Fälschung aller öffentlich zugänglichen Atlanten an. Während des Zweiten Weltkriegs hat sich das Vorgehen offenbar bewährt. Bei einem gefangen genommenen deutschen Offizier wurden gefälschte Karten der Umgebung Moskaus gefunden. Die Pläne zeigten ein gut ausgebautes Straßennetz, wo in Wirklichkeit nur Sümpfe und Schluchten lagen. Die Karten seien dem deutschen

Militärattaché in Moskau zugespielt worden, der sie an die Soldaten weitergegeben habe.

In der Nachkriegszeit erreichten die Fälschungen von Landkarten in den Ostblockstaaten »einen einsamen Höhepunkt«, sagt Brunner. Im September 1965 beschlossen die Länder des Warschauer Pakts die Verzerrung aller öffentlichen Landkarten mit Maßstäben, größer als 1:1 000 000. Ganze Städte verschoben sich: Logaschkino in Sibirien etwa veränderte seine Lage mit jeder neuen Ausgabe eines öffentlichen Atlas. »Offenbar gibt es eine solche Stadt«, kommentierte die amerikanische Zeitschrift *Military Engineer*, doch wo sie liege, sei »eine Frage höchster Ungewissheit«.

Auf Stadtplänen Moskaus fehlten Maßstabsangaben, sodass Entfernungen geschätzt werden mussten. Viele Straßen und selbst gut bekannte Gebäude wie das des KGB in der Innenstadt waren auf den Karten nicht verzeichnet. Auch Landkarten der DDR waren systematisch verzerrt, Straßen und Siedlungen wurden vor allem in Grenznähe aus den Plänen getilgt. Westberlin war als »nicht besiedeltes Gebiet« gekennzeichnet. Nach der Auflösung der DDR warben Kartenverlage für ihre neuen Stadtpläne aus Ostdeutschland mit dem Slogan: »Jetzt ohne Verzerrung«.

Auch Westeuropa versuchte sich während des Kalten Krieges in Geheimhaltung. Bei Memmingen in Schwaben erstreckte sich laut öffentlicher Landkarten eine große »landwirtschaftliche Nutzfläche«. »In Wirklichkeit handelte es sich um einen Militärflughafen«, erklärt Brunner. Und nahe Hohenbrunn bei München stand mitten im Wald keine Fabrik, wie auf Karten zu lesen war. »Dort lag das größte Munitionsdepot Süddeutschlands«, sagt der Kartograf.

Die USA tarnen nach wie vor wichtige Militäreinrichtungen in öffentlichen Landkarten mit falschen Bezeichnungen. In

Großbritannien wacht eigens der Ordnance Survey über Orte, die aus »Gründen der nationalen Sicherheit« auf Karten nicht korrekt dargestellt werden dürfen. »Aus Atombunkern werden dabei Lagerhäuser«, berichtet Mark Monmonier von der Syracuse Universität. Radiostationen, Aufbereitungsanlagen für Nuklearbrennstoff oder Erdöldepots verschwänden gänzlich aus öffentlichen Landkarten.

Häufig dienen Fälschungen der Propaganda, sie zeugen vom Streit zwischen Staaten. Kaschmir beispielsweise, das von Indien wie auch von Pakistan beansprucht wird. Entsprechend wurde die Region in den Landkarten jeweils unterschiedlich gekennzeichnet. Chinesische Kartografen haben Tibet, das auf seine Unabhängigkeit pocht, längst der Volksrepublik zugeschlagen. Und Argentinien hat eigens Briefmarken herausgegeben, auf denen die britischen Falklandinseln unter dem Namen »Islas Malvinas« als argentinisches Staatsgebiet dargestellt sind.

Die Fälschung von Landkarten hat eine lange Tradition. Ob Napoléon Bonaparte, der preußische König Friedrich II. oder die mittelalterlichen Räte europäischer Städte – sie alle ließen zwar präzise Vermessungen ihrer Ländereien durchführen, veröffentlichten jedoch falsche Karten. Wenn dennoch korrekte Darstellungen in Umlauf waren, achtete man wenigstens darauf, dass sie rechtzeitig wieder verschwanden. Kurz vor Beginn des Ersten Weltkriegs waren Karten des bedeutenden deutschen Militärhafens Wilhelmshaven auf einmal vergriffen. »Offensichtlich hatten interessierte Stellen sie aufgekauft«, sagt Brunner. Und vor dem Falklandkrieg 1982 waren sämtliche britischen Seekarten des Südatlantiks ausverkauft. Landkarten wegzuschließen hat ebenfalls eine lange Tradition. Bereits die ersten Aufzeichnungen, die der Entdecker Christoph Kolumbus aus der Neuen Welt mitbrachte, verschwanden umgehend in Geheimarchiven. Den Schlüssel dazu verwahrte der oberste Kartograf Spaniens.

Nicht immer dienen Fälschungen politischen Zwecken. Die ersten europäischen Einwanderer in Australien etwa köderten neue Arbeitskräfte aus der Heimat, indem sie eine Fantasiekarte Australiens verschickten. Der karge Kontinent wurde darauf als ein verlockendes Land mit großen Flüssen, ausgedehnten Seen, Wäldern und Bergen dargestellt. Heutzutage werden Landkarten ebenfalls ohne militärischen Grund systematisch verfälscht. Um beispielsweise Denkmäler in den USA vor Vandalen zu schützen, werden sie oftmals nicht verzeichnet. Doch nicht alle Fehler sind gewollt. »Manche Mängel überdauern Jahrzehnte«, sagt Mark Monmonier. Eine Eisenbahnlinie in Pennsylvania etwa, die es gar nicht gab, fand sich irrtümlich 20 Jahre und vier Ausgaben lang in einem Regionalatlas, der ausgerechnet von einem Militärkartografen erstellt worden war.

Derartige Ungenauigkeiten können schwere Folgen haben. 1988 alarmierte ein philippinischer Marineoffizier seine Regierung, Malaysia habe die Turtle Islands annektiert. Er hatte einen ungewöhnlichen Strich auf einer Seekarte falsch interpretiert. Eine Linie, die eine empfohlene Schiffsroute markieren sollte, hielt er für einen neuen Verlauf der Staatsgrenze. Mit seiner Warnung, Malaysia habe die Grenze verschoben und sich die Inseln einverleibt, löste der Offizier beinahe eine schwere Krise aus.

Solche ernsthaften Irritationen verursachte der kartografische Zeichner Richard Ciacci mit seinem Streich nicht. Der Behördenangestellte in Boulder hatte in die Karte des US-Bundesstaates Colorado einen fiktiven Berg namens »Mount Richard« eingezeichnet, um sich damit ein persönliches Andenken zu verschaffen. Es dauerte zwei Jahre, bis die Fälschung entdeckt wurde. »Es stellt sich die Frage«, sagt Mark Monmonier, »wie viele solcher Possen wohl noch in Landkarten schlummern.«

Es muss aber keine Intrige dahinterstecken, wenn im Atlas ein Ort verschwindet. Manchmal ist die Ursache weitaus dramatischer, wie das nächste Kapitel zeigt: Erdlawinen verschütten jedes Jahr zahlreiche Siedlungen, mehr als 4000 Menschen sterben jährlich unter plötzlich abrutschenden Hängen. Geologen haben die Risikozonen kartiert, und sie warnen: Der Berg ruft nicht mehr, er kommt.

# 33

## Wo die Welt ins Rutschen kommt

In den Bergen stehen sie allerorten, die Vorzeichen der Katastrophe: Spalten klaffen in der Erde, Risse im Gestein. Auch säbelförmig gewachsene Bäume, Erdbuckel, Geröllhalden oder Hänge ohne Bewuchs deuten darauf hin, dass der Boden in Bewegung ist. Wann ein Berg aber dann wirklich kollabieren wird, lässt sich nicht vorhersagen. Eine Studie von David Petley von der Durham Universität in Großbritannien liefert immerhin einen Überblick über die größten Gefahrenzonen. Sie zeigt, in welchen Regionen in den letzten Jahren tödliche Rutschungen niedergingen. Das wichtigste Ergebnis der Studie lautet: Es sterben pro Jahr mehr als viermal so viele Menschen unter Hangstürzen wie angenommen. Von Anfang 2004 bis Ende 2010 gab es demnach 32 322 Opfer.

Frühere Erhebungen hatten 1062 Tote durch Bergstürze pro Jahr ergeben. Dabei seien aber viele kleinere Desaster ignoriert worden, sagt Petley. Außerdem seien in vorangegangenen Studien Opfer oftmals den Auslösern einer Erdlawine zugerechnet worden, also beispielsweise Hurrikanen. Dadurch sei unbekannt geblieben, wie viele Menschen tatsächlich unter Fels- und Erdmassen begraben worden seien. Erdbebenopfer habe er in seiner Statistik aber nicht mitgerechnet, berichtet Petley.

Seine Studie liefert die bislang gründlichste Analyse zu der Naturgefahr; sie zeigt, wo die Sicherheit von Siedlungen verbessert werden müsste. Die meisten Opfer gibt es demnach in folgenden Regionen:

- Im südlichen Himalaja-Gebirge
- In den Anden
- In Indonesien, vor allem auf Java
- An der Südwestküste von Indien und Sri Lanka
- An der Küste im Süden und Osten Chinas
- Im Zentrum Chinas, vor allem in der Region Sichuan
- In der Zentralkaribik
- Auf den Philippinen – allein dort starben von 2004 bis 2010 4583 Menschen unter Hangstürzen.

In Europa sind besonders Ortschaften in den Alpen und den Pyrenäen gefährdet. Im Juli 1987 etwa begruben Felslawinen zwei Dörfer im Veltlin, im August 2000 starben bei Steinlawinen 13 Menschen in Gondo im Wallis. Die größten Katastrophen ereigneten sich der Studie zufolge im Sommer auf der Nordhalbkugel, wenn heftige Monsunregengüsse über den dicht besiedelten Bergregionen Asiens niedergehen. Hochsaison für Berglawinen ist auch die Hurrikanzeit im Spätsommer in der Karibik, wenn Starkregen Hänge aufweichen.

Die Zutaten für große Hangsturzkatastrophen sind zumeist: steile Flanken, starke Niederschläge und dichte Besiedlung. In Regionen, wo diese drei Dinge zusammenkämen, müsste das Risiko gründlich untersucht werden, fordert Petley. Für zahlreiche Gebiete wurden bereits Siedlungsverbote ausgesprochen – sie werden jedoch nicht immer eingehalten. Experten der Universität der Vereinten Nationen (UNU) beanstanden insbesondere in armen Ländern erhebliche Mängel bei der Minderung des Bergrutsch-Risikos:

- Es fehlt das Geld für Gefahrenanalysen.
- Eine sorgfältige Planung der Landnutzung findet nicht statt.
- Es gibt keine Vorschriften für die Errichtung von Gebäuden.
- Finanzielle Anreize, an sicheren Orten zu bauen, werden nicht ausgeschöpft.
- An Universitäten in Gefahrengebieten fehlen Geologen.

Die UNU-Experten fordern Frühwarnsysteme. Zwar kann der Zeitpunkt eines Bergrutsches auch mit moderner Technologie nicht bestimmt werden. Es ist aber schon des Öfteren gelungen, hohes Risiko rechtzeitig zu identifizieren. Manche gefährdete Regionen in der Schweiz etwa werden mit Laser überwacht. So konnte der Bergsturz von Randa im Jahr 1991 vorhergesagt werden: Bereits Tage vor dem Kollaps von Gestein mit der zwölffachen Masse der Cheops-Pyramide begann sich der Abgang eines Hangs über dem Ort zu beschleunigen; zudem gab es kleinere Lawinen. Umgehend waren Laser montiert worden, die anzeigten, dass sich die Lage zuspitzte.

Forscher nutzen auch Radarsatelliten, um Bodenbewegungen zu entdecken. Um das Kriechen von Fels oder Erde registrieren zu können, müssen die Radarstrahlen allerdings an herausragenden Gegenständen wie etwa Felsbrocken reflektiert werden.

Künftig könnte die Gefahr durch Bergstürze zunehmen, warnen Forscher: Wenn im Zuge der erwarteten Erwärmung im Gebirge der Permafrost taut, könnte Felsen ihr Kitt abhandenkommen. Manche Forscher bringen es auf die Formel: Der Berg ruft nicht mehr, er kommt.

Auch Siedlungen am Fuß von Vulkanen drohten künftig vermehrt Erdlawinen, warnte unlängst Daniel Tormey vom privaten Forschungsinstitut Entrix in Los Angeles in einer Studie. Würden Gletscher am Gipfel der Feuerberge ins Rutschen kommen, müssten insbesondere Städte in den Anden mit Schlammlawinen rechnen. »Die Erderwärmung könnte Städte planieren«, titelte das Wissenschaftsmagazin *New Scientist*.

Berglawinen folgen mitunter einem Rhythmus: In Europa wurde festgestellt, dass nach mehreren Jahren mit mehr Regenfällen in kurzer Zeit Hunderte Erdlawinen abrutschen können, so wie im Winter 1982/83: Das Erdreich war mit Wasser übersättigt.

Es muss nicht unbedingt eine natürliche Ursache haben, wenn der Boden wegrutscht. Auch Bergbau, Grundwasserförderung und Tunnelbohrungen höhlen die Erde aus – mit teils verheerenden Folgen. Im nächsten Kapitel machen sich Forscher auf die Suche nach unterirdischen Gängen in Deutschland. Viele der Tunnel sind unbekannt, ihr plötzlicher Einsturz ist jederzeit möglich.

# 34

## Vom Erdboden verschluckt

Im thüringischen Schmalkalden hat die Erde ein Auto verschluckt. Ein sporthallengroßes Loch klaffte an jenem dramatischen Herbsttag 2011 im Boden. Doch das Ereignis ist kein Einzelfall, Dutzende solcher Bodeneinstürze, sogenannter Erdfälle, gibt es jedes Jahr allein in Thüringen. Auch in anderen Bundesländern kann der Boden auf einmal wegsacken – die Festigkeit der Erde ist oft trügerisch. Erdfälle lassen sich nicht vorhersagen, schreibt das Bayerische Landesamt für Umwelt. Sie könnten »zu jeder Zeit und ohne jegliche Vorwarnung auftreten und zu Personen- und Sachschäden führen«, ergänzt der Geologische Dienst Nordrhein-Westfalen. Experten können lediglich Risikogebiete eingrenzen. Besonders gefährdet sind Bergbauregionen und Landschaften mit Salz- oder Kalkböden, sogenannter Karst.

Wasser ist die treibende Kraft im Untergrund. Grundwasser und darin enthaltenes Kohlendioxid lösen Salz, Kalk oder Gips, das Wasser spült Sand fort. Die Einsturzkrater werden Dolinen genannt. Thüringens Boden besteht größtenteils aus Gips und Kalk. Vor allem die Karstlandschaft im Kyffhäuserkreis und der Schiefergebirgsrand zwischen Saalfeld und Gera sind gefährdet. Mitunter stürzt die Erde großräumig ein: Der zehn Hektar große Burgsee in Bad Salzungen etwa entstand bei einem Erdfall in prähistorischer Zeit. Vor allem in regnerischen Monaten kommt die Erde ins Rutschen. Und Flüsse bahnen sich breite unterirdische Wege: Die Donau etwa versickert beim baden-württembergischen Immendingen und taucht erst zwölf Kilometer weiter in der Aachquelle wieder auf. Früher waren instabile Gebiete den Menschen meist bekannt, sie gründeten Dörfer auf felsigem Grund. Doch Bauprojekte, vor allem Tunnel- und Bergbau sowie Grundwasserförderung, destabilisieren zunehmend den Boden, durchlöchern ihn regelrecht. Die Kommunen müssten vorsichtig bei der Ausweisung von Baugrund sein, mahnen Geologen.

Im Ruhrgebiet können Erdfälle praktisch überall passieren. Schätzungen zufolge ereignen sich in dem ehemaligen Bergbaugebiet pro Jahr etwa hundert Tagesbrüche. Jahrhundertelang wurde hier Kohle aus dem Boden geholt. Viele Stollen wurden auf den Karten nicht eingetragen, vermutlich stehen Hunderte Häuser und Straßen auf unbekannten Hohlräumen. Mancherorts senkt sich der Boden allmählich, ehemals ebenerdige Dörfer liegen nun in metertiefen Senken. Im Nordosten der Niederlande an der Grenze zu Niedersachsen ist der Boden seit den 1970er Jahren um 30 Zentimeter abgesunken. Schuld ist die Gasförderung, sie höhlt die Erde aus. Unter unseren Füßen hat sich eine Parallelwelt ausgebreitet. Ein dichtes Netz von Kanälen, Tunneln und Geheimgängen durchzieht den Boden. Immer wieder gibt das Erdreich urplötzlich nach und erzeugt größere Löcher:

- 1913 entstand unweit von Osnabrück der 320 Meter lange und 140 Meter breite Erdfallsee, eine mit Grundwasser vollgelaufene Doline. Sie ist heute ein beliebtes Ausflugsziel.

- 1970 krachte bei Vlotho in Nordrhein-Westfalen eine Moorlandschaft ein, nachdem bei der Mineralwasserförderung Gipsschichten ausgewaschen worden waren.
- In München stürzte 1994 ein Linienbus senkrecht in das Loch einer U-Bahn-Baustelle.
- Im Stuttgarter Stadtteil Bad Cannstatt riss im Frühjahr 2000 der Spielplatz eines Kindergartens 15 Meter tief auf. Kinder waren glücklicherweise gerade nicht auf dem Gelände.
- 2005 krachte in Barcelona ein Haus in einen Schacht. Benachbarte Hochhäuser mussten daraufhin abgerissen werden.
- 2007 stürzten in São Paulo und in Guatemala-City U-Bahn-Baustellen zusammen, Häuser und Autos fielen Dutzende Meter in die Tiefe.
- Im März 2009 fiel in Köln das Stadtarchiv in ein Loch. Die Ursache hierfür: Grundwasser war in eine schlecht gesicherte Baustelle geschossen.

Geraten Stollen großflächig in Bewegung, kann die Erde weiträumig beben. So wie 2008 im Saarland, als Kohleschichten einstürzten. Am 13. März 1989 zerstörte der Zusammenbruch einer Salzmine in der Ortschaft Völkershausen zahlreiche Gebäude; das Beben der Stärke 5,7 war eines der heftigsten in Mitteleuropa in den vergangenen Jahrhunderten. Es werde immer mehr Erdfälle geben, warnt der Geologe Tony Waltham von der Nottingham-Trent-Universität in Großbritannien bereits seit Jahren. Gebäude und Straßen versiegeln immer mehr Erdreich, weshalb Regenwasser in größeren Strömen versickert und zu unterirdischen Sturzfluten anwächst – und so den Boden aushöhlt.

In Deutschland müssen Bauingenieure den Untergrund auf drohende Erosion hin untersuchen. Löchrige Schichten überbrücken sie mit Pfählen, die Gebäude stützen. Doch immer wieder zeigt sich die Gefahr erst, wenn es zu spät ist: Im Juli 2009 stürzte in Nachterstedt in Sachsen-Anhalt ein Haus in einen See. In Hamburg bekamen die Anwohner eines Salzstocks im Westen der Stadt Post, die sie über drohende Einstürze informierte. Gebäude müssen der Gefahr nun angepasst werden. Auch die Gegner von »Stuttgart 21« fürchten, das Projekt könnte den Boden destabilisieren. In Nordschweden aber haben Experten noch gravierendere Konsequenzen aus dem Bergbau ziehen müssen: Die Stadt Kiruna soll vollständig umziehen und fünf Kilometer weiter östlich wieder aufgebaut werden, um nicht vom Erdboden verschluckt zu werden.

Mit anderen Städten geht es bereits abwärts: Die Ausbeutung von Gasvorkommen und die Grundwasserförderung lassen sie bedrohlich schnell absinken, wie Geologen im nächsten Kapitel berichten. Eine Ausnahme bildet das Berliner Olympiastadion – es hebt sich.

# 35

## Leere unter Metropolen

Höhere Deiche sollen die Niederlande gegen einen steigenden Meeresspiegel wappnen. Doch dem Küstenschutz wird regelrecht der Boden entzogen. Der Nordosten des Landes an der Grenze zu Niedersachsen sinkt dramatisch ab, und damit senken sich auch die Deiche. Schuld ist die Gasförderung, sie höhlt den Boden förmlich aus. Studien sagen voraus, dass die Region um Groningen bis Mitte dieses Jahrhunderts um mehr als einen halben Meter tiefer liegen wird als 1970. Experten sorgen sich um die Folgen für Küstenorte und Wattenmeer. Auch andere Regionen kämpfen gegen die teils dramatische Absenkung des Bodens, mehrere Großstädte sind bedroht. Mit Radarsatelliten kommen Wissenschaftler in Dutzenden Städten der heimtückischen Gefahr auf die Spur.

Im Nordosten der Niederlande nahe Groningen liegt neben kleineren Gasfeldern eines der größten Erdgasreservoire Europas. Seit 1959 pumpen Firmen dort Gas aus dem Untergrund. Die entleerten Gesteinsporen halten dem Druck des auflastenden Bodens nicht stand, sie sacken zusammen – der Boden gibt nach, seit den 1970er Jahren um bis zu 30 Zentimeter. Und ein Ende des Abwärtstrends ist nicht in Sicht. In den nächsten 40 Jahren könnte sich die Region Groningen um weitere 30

Zentimeter setzen, prophezeit das niederländische Institut für Wassermanagement RIZA. Ob die Warnung der Experten allerdings zu Beschränkungen der Gasproduktion führen wird, ist unklar. Üblicherweise würden die Niederlande »hochsensibel« auf Bodenbewegungen reagieren, sagt Robert Sedlacek vom niedersächsischen Landesamt für Bergbau, Energie und Geologie LBEG. »Dort zählt jeder Zentimeter.« Die Erschließung mehrerer Gasfelder im Wattenmeer ist bereits untersagt worden, um Setzungen zu verhindern. Die Gasförderung bei Groningen jedoch soll noch Jahrzehnte aufrechterhalten werden. Das Reservoir deckt einen Gutteil des Energiebedarfs der Niederlande. Und etwa ein Fünftel des niederländischen Erdgases wird nach Deutschland exportiert. Auch im benachbarten Niedersachsen hat sich der Boden nach jahrzehntelanger Gasförderung um einige Zentimeter abgesenkt. Probleme für den Küstenschutz oder Gebäudeschäden sind in Deutschland aber nicht zu befürchten – die Gasfelder in Niedersachsen sind etwa hundertmal kleiner als die bei Groningen.

Welche dramatischen Auswirkungen Bodensetzungen haben können, zeigt sich jedoch in der indonesischen Hafenstadt Semarang. Die Millionenstadt kippt regelrecht ins Meer. Bis zu 15 Zentimeter pro Jahr senken sich küstennahe Stadtviertel, berichten Experten der Bundesanstalt für Geowissenschaften und Rohstoffe BGR in Hannover. »Das Wasser drückt in die Stadt«, sagt Friedrich Kühn, es verursache »enorme wirtschaftliche Schäden«. Manche Straßenzüge der Millionenstadt sind bereits im Meer versunken. Ganze Wohngebiete und Industrieanlagen werden im Zuge der Gezeiten täglich geflutet. Die Anwohner legen Ziegelsteine auf die Straße, um trockenen Fußes voranzukommen. Meist jedoch müssen drastischere Maßnahmen ergriffen werden, um der Wassermassen Herr zu werden. Straßen werden mit Erde und Schutt stetig erhöht, um sie über dem Meeresspiegel zu halten. An manchen Orten ragen nur noch die Häusergiebel über den Straßenrand. Ursache des Desasters sei »die unkontrollierte Förderung von Grundwasser«, erklärt Kühn. Die Entleerung der Bodenschichten lasse den Untergrund absacken. Zudem führe die Wasserentnahme dazu, dass Tonschichten austrocknen. Dadurch schrumpfe das Erdreich. Mit den Radarsatelliten ERS-1 und ERS-2 der Europäischen Raumfahrtagentur ESA haben Wissenschaftler erkundet, warum sich der Boden absenkt. Sie verglichen 35 Aufnahmen, die die Satelliten zwischen 2002 und 2006 von Semarang gemacht haben. Die Radare senden elektromagnetische Strahlen zur Erde. Senkt sich der Boden, sind die Strahlen länger unterwegs. In Semarang haben die Forscher auf diese Weise die Veränderung von knapp 47 000 Punkten am Boden vermessen.

Auch andere Metropolen wurden im Rahmen des internationalen Forschungsprojektes »Terrafirma« mit den Radarsatelliten vermessen – mit teils dramatischem Ergebnis. So zeigte sich, dass auch Lissabon, Bangkok, Jakarta und Athen wegen Grundwasserentnahmen einsacken. Shanghai senkt sich pro Monat um einen Millimeter. Die größte Stadt Chinas – ihr Name bedeutet »Über dem Meer« – kommt dem Meeresspiegel vielerorts bereits gefährlich nahe. Die Last Tausender Hochhäuser beschleunigt den Niedergang, der weiche Marschboden unter Shanghai sackt zusammen. Der Finanzdistrikt, wo die meisten Wolkenkratzer stehen, sinkt drei- bis sechsmal schneller ein als andere Bezirke. Die Folgen sind vielerorts sichtbar: U-Bahn-Trassen verformen sich, Gebäude zeigen Risse.

Das Einsinken von Sankt Petersburg führen Forscher ebenfalls auf die Last der Gebäude zurück. In Istanbul indes standen die Experten lange vor einem Rätsel. Über die Stadt verteilt entdeckten sie auf ihren Satellitenbildern Dutzende Areale, die mit bedrohlicher Geschwindigkeit absanken. Erst Recherchen an Ort und Stelle brachten die Erklärung: An Hängen kriecht Erdreich abwärts. Ein Alarmsignal: Verliert es den Halt, könnte es ganze Wohngebiete unter sich begraben.

Doch nicht mit allen Städten geht es abwärts. In Berlin etwa registrierten die Satelliten, dass sich der Boden unter dem Olympiastadion seit den 1990er Jahren um sechs Zentimeter gehoben hat. Eine Nachfrage beim örtlichen Gasversorger brachte die Erklärung: In Sandsteinschichten unter dem Stadion wurden Anfang der Neunziger große Mengen Erdgas gepresst, das als Notreserve dienen sollte. Wie auf einem Luftkissen wurde das Olympiastadion in die Höhe gehoben.

Über einen anderen Eingriff in den Untergrund streiten Forscher im nächsten Kapitel: Um Gas zu fördern, werden beim Fracking Millionen Liter Chemiebrühe in den tiefen Untergrund gepresst. Wissenschaftler haben das Risiko für Deutschland untersucht.

# 36

## Unheimliches Fracking

Ums Fracking tobt eine Propagandaschlacht. Auf der einen Seite versprechen Firmen billige und sichere Energie: Die Fördertechnologie würde es den USA ermöglichen, unabhängig von Ölimporten zu werden. Deutschland könnte Schätzungen zufolge seinen Erdgasbedarf 13 Jahre lang decken, wenn alle verfügbaren Reservoirs per Fracking ausgebeutet würden. Auf der anderen Seite werden bei jeder Fracking-Bohrung Millionen Liter Chemiebrühe in den Boden gepresst. Anwohner fürchten die Technologie deshalb, Umweltverbände machen mobil. Sie warnen vor vergiftetem Trinkwasser, künstlichen Erdbeben und verseuchter Landschaft.

Welche Gefahren drohen?

Das Urteil deutscher Geoforscher fällt zurückhaltend aus: Sie sehen »keinen Grund für ein grundsätzliches Verbot« von Fracking in Deutschland. »Eine langsame Entwicklung in vorsichtigen Schritten sollte möglich sein in einer gemeinsamen Stellungnahme führender Wissenschaftler.« Gleichwohl schließen die Forscher die Regionen, in denen Trinkwasser gewonnen wird, prinzipiell aus. Die Bundesregierung hat die Fördermethode dort bereits für unzulässig erklärt. Gasreservoirs oberhalb von 1000 Metern sollten nicht angestochen werden, um den Abstand zum Grundwasser zu wahren. Die Umgebung von Bruchzonen im Boden sollte ebenfalls gemieden werden; Klüfte könnten als Aufstiegskanäle für die Fracking-Flüssigkeit dienen.

Zunächst müssten Tests zeigen, ob Fracking in großem Stil sicher funktioniere, fordert der Hydrogeologe Martin Sauter von der Universität Göttingen. »Wir sollten nicht einfach loslegen wie in den USA, wo viele Fehler gemacht wurden.« Fracking hat dort ganze Landstriche verschmutzt. Schuld war vor allem der Umgang mit den großen Mengen Abwasser, die nach dem Fracken durchs Bohrloch hochgespült werden. Sie wurden vielerorts einfach in der Landschaft entsorgt. Bedingung in Deutschland soll sein, das Abwasser sachgemäß zu entsorgen und einen Teil davon wiederzuverwerten.

Aus den USA stammt auch der dramatische Film *Gasland*, der gegen das Fracking ins Feld geführt wird; die Bilder hatten die Erdgasfördermethode in Verruf gebracht. Angeblich soll beim Fracking brennbares Methan ins Trinkwasser gelangen und so Flammen aus Wasserhähnen schießen. Das Schreckensszenario wurde allerdings nie bewiesen. Bekannt ist vielmehr, dass brennende Quellen in den betreffenden Gebieten Amerikas ein altes Phänomen sind, das schon vor Jahrhunderten von Indianern beschrieben wurde.

Gleichwohl bedeutet Fracking einen gewaltigen Eingriff in die Umwelt: Immenser Lärm an den Bohrstätten kündet von der gewaltigen Kraft, die beim Fracking erzeugt werden muss. Ziel des Verfahrens ist es, Erdgas aus dem Boden zu pressen, das nicht einfach aus dem Bohrloch strömt. Mit Hochdruck wird ein zähes Gemisch durch ein betoniertes Bohrloch tief in den Untergrund getrieben, wo es gashaltiges Gestein aufbrechen soll: In Felsporen eingezwängtes Gas tritt aus, es kann gefördert werden. Die Technologie wird seit Jahrzehnten erprobt. In Deutschland wurde nach Angaben der Industrie rund dreihundertmal gefrackt, um aus gewöhnlichen Lagerstätten mehr Erdgas herauszuholen. Probleme habe es nicht gegeben, betonen die Bohrfirmen. Nie hätten sich zum Beispiel Wasserwerke über etwaige Verschmutzungen beschwert.

Gleichwohl wurde nicht genauer erforscht, was mit den riesigen Mengen Fracking-Pampe im Boden geschieht. Ob sie tatsächlich dort unten bleibt, sollen Wissenschaftler untersuchen. Die größten unkonventionellen Gaslagerstätten in Deutschland liegen in Niedersachsen und Nordrhein-Westfalen. In den Förderregionen drohen unbestreitbar immense Eingriffe: Im Umkreis von 20 Kilometern würden durch rund 15 Bohrungen jeweils Millionen von Litern Flüssigkeit in den Boden gepumpt. Anlass zur Sorge gibt, dass die neuen Gaslagerstätten in Deutschland vielerorts flacher liegen als herkömmliches Gas, die Födersubstanzen also eher nach oben gelangen könnten. Das Risiko einer Förderung lasse sich bislang nicht ausreichend abschätzen, stellte das Umweltbundesamt fest. Die Genehmigungen fürs Fracking liegen auf Eis.

Neuere Daten aus den USA haben die Sorge von Anwohnern befeuert, das zähe Fracking-Gemisch könnte aus der Tiefe aufsteigen: In der Nähe von Bohranlagen im Nordosten des Bundesstaats Pennsylvania wurden erhöhte Gasmengen gemessen; die Menge an Methan, Ethan und Propan war deutlich höher als normal. Wissenschaftler der Duke Universität hatten Proben in 141 privaten Brunnen in der Gegend des Marcellus-Beckens in Pennsylvania genommen, in dem es große Schiefergasvorkommen gibt. Die Forscher glauben, beweisen zu können, dass das Gas aus den Fracking-Gasquellen stammt. Eine Variante des Edelgases Helium eigne sich gewissermaßen als Fingerabdruck für die Herkunft von Gasen: Das sogenannte Helium-4 verbindet sich nicht mit anderen Stoffen, seine Menge bleibt unverändert. Der Anteil des Heliums im Grundwasser der betreffenden Gegend sei identisch mit dem Anteil in den Fracking-Gasquellen. Wie gelangte das Gas ins Grundwasser? Womöglich seien die Metallverkleidungen einer Fracking-Bohrung oder Betonschichten löchrig, die den Austritt von Gas verhindern sollen, mutmaßen die Wissenschaftler. Es gebe »keine biologischen Quellen von Ethan und Propan in der Region«. Robuste Erkenntnisse über die gesundheitlichen Auswirkungen der Gase gebe es nicht.

Möglich sei, dass entlang von Bruchzonen im Boden Methangas austritt; solche Gebiete seien für die Förderung zu meiden, sagt Martin Sauter. Während Gas aufgrund seiner Leichtigkeit aufsteigen könnte, ist das Fracking-Gemisch selbst deutlich schwerer als Wasser. Nach dem zwölfstündigen Einpressen der Brühe sei kaum damit zu rechnen, dass es im Untergrund noch in Bewegung geraten könnte, meinen die Gutachter. Darüberliegenden Fels könne die Substanz nicht durchdringen. »Ein Apfel fällt ja auch nicht nach oben«, sagt Hans-Joachim Kümpel, Präsident der Bundesanstalt für Geowissenschaften und Rohstoffe. Die Fracking-Flüssigkeit bleibe aller Voraussicht nach eingeschlossen im aufgerissenen Gestein. Die meisten der künstlichen Brüche blieben kleiner als 50 Meter, berichtet Sauter. Das hätten Messungen in den USA gezeigt. Kein bekannter Riss sei länger als 500 Meter geworden. Fracking unterhalb von 1000 Metern wäre folglich sicher. Die Daten sorgen allerdings für Diskussionen. Risse von 500 Metern müssten keineswegs das mögliche Maximum sein, geben Forscher zu bedenken. Schließlich beruhten die Kenntnisse lediglich auf der Messung von ein paar Tausend künstlicher Risse. Ob Fracking also wirklich bereits in 1000 Meter Tiefe erlaubt werden könnte, sei fraglich. Weitere Daten wären erforderlich.

Die Gefahr gefährlicher Erdbeben meinen die Experten aber ausschließen zu können, sofern außerhalb tektonischer Spannungszonen gefrackt wird. Unter Druck stehende Nahtzonen im Untergrund aber können in seltenen Fällen durch die vergleichsweise geringen Kräfte beim Fracking reißen – und ein Beben hervorrufen. Die Herausforderung wird demnach sein, Risikogebiete eindeutig zu erkennen. Brüche hingegen, die allein durch das Fracking erzeugt werden, sind meist nur wenige Meter lang, kein Zittern erreicht die Erdoberfläche. Ein spürbares Beben kann nur entstehen, wenn mindestens 100 Meter Gestein auf einmal brechen – was in Nordengland 2011 beim Fracking geschehen ist. Hochempfindliche Seismometer im Umkreis der Bohrtürme sollen noch das kleinste Zittern der Erde erkennen, empfehlen die Gutachter. Verstärke sich das Ruckeln, müsse das Fracking gestoppt werden, auch wenn noch niemand das Zittern spüren konnte. Die Forscher empfehlen ein entsprechendes Warnsystem.

Gasförderung, Klimawandel, Betonwüsten, Ackerbau: Angesichts all der Veränderungen, die der Mensch auf der Erde herbeigeführt hat, schlagen Wissenschaftler im nächsten Kapitel eine neue geologische Epoche vor, die nun begonnen habe: das Anthropozän. Sie fahnden nach einer Erdschicht, die belegen könnte: Mensch macht Natur.

# 37

## Die Epoche Mensch

Chemie-Nobelpreisträger Paul Crutzen staunt: »Es ist unglaublich, was ein einzelnes Wort verändert.« Es ist sein Wort: »Anthropozän« – auf einem Wissenschaftskongress in Mexiko 1999 hatte Crutzen den Begriff in die Runde geworfen, um einen Umbruch in der Natur zu beschreiben. Der Einfluss des Menschen auf die Umwelt sei mittlerweile so übermächtig, dass eine neue Epoche angebrochen sei, das »Zeitalter des Menschen«, auf Griechisch Anthropozän.

Manchen Geologen kommt der Vorschlag einem Putsch gleich. Eine hitzige Debatte ist entbrannt, sie elektrisiert nicht mehr nur Wissenschaftler, sondern nun auch die Öffentlichkeit. Medien verkünden den Anbruch der »Menschenzeit« auf der Titelseite, Künstler beschwören das Anthropozän, selbst Berater der Bundesregierung rechnen mit dem neuen Zeitalter. Doch unter Geologen, die über die Einführung von Erdzeitaltern entscheiden, gibt es harte Gegner, die sich gegen den Vorschlag zur Wehr setzen.

Dabei stößt die Idee von der Menschenzeit vielfach auf Begeisterung. »Die tiefere Bedeutung des Anthropozäns besteht darin, dass wir Menschen jeden Aspekt unserer Umwelt verändert haben – von einer sich erwärmenden Atmosphäre bis zum versauernden Ozean«, schrieb die *New York Times.* »Menschen sind zu einer Naturkraft geworden, die den Planeten auf der geologischen Skala umgestaltet«, hieß es im britischen Nachrichtenmagazin *The Economist.* Es begrüßte seine Leser auf der Titelseite mit der Zeile »Willkommen im Anthropozän«; darunter prangte eine Erdkugel, die von Menschen umgestaltet wird.

Doch bevor das Anthropozän offiziell ausgerufen werden kann, müssen Geologen zustimmen. Über den Erdkalender wacht die Internationale Kommission für Stratigraphie (ICS), das Hauptgremium für Schichtenkunde. Sie entscheidet über neue Zeitalter anhand von Ablagerungen im Boden: Geologische Epochengrenzen markieren einschneidende Zäsuren der Erdgeschichte, jedes Zeitalter muss eindeutig anhand einer weltweit einheitlichen Schicht im Boden nachweisbar sein. Nach solch einem Beweisstück für das Anthropozän fahnden Geologen: »Wir suchen sozusagen die ›goldene Schicht‹«, sagt der Geologe Jan Zalasiewicz von der Universität von Leicester – eine Erdschicht also, die den globalen Einfluss des Menschen auf den Planeten eindeutig belegt.

Forscher tragen Indizien zusammen, die ein »Zeitalter des Menschen« plausibel erscheinen ließen: Der Geograf Erle Ellis von der Universität von Maryland etwa legte dar, dass der Mensch bereits mehr als drei Viertel der Landoberfläche der Erde umgestaltet hat. »Nur noch 23 Prozent sind Wildnis und nur noch 11 Prozent der Photosynthese an Land passiert in Wildnisgebieten, der Rest besteht aus Agrarland, Siedlungen, Nutzgebieten.« Der vom Menschen verursachte Klimawandel werde Luft, Land und Meere auf Zehntausende Jahre grundlegend ändern, sagt der australische Klimaforscher Will Steffens. Dazu zähle eine Versauerung der Ozeane durch Kohlendioxid, die langfristig in Gesteinen am Meeresboden ablesbar sein werde. Staudämme, Bergbau, Erosion und Städtebau veränderten die Böden bereits jetzt grundlegend, ergänzt der amerikanische Geologe James Syvitski von der Universität Colorado-Boulder. Beispielsweise würden hinter Staudämmen riesige Mengen Sedimente abgelagert, die im Küstenbereich fehlten. Hinzu kommen massive biologische Veränderungen: Der Mensch rotte etwa durch Regenwaldrodung Arten aus, während er durch Zucht und Biotechnologie neue Lebensformen erzeuge, neuerdings sogar künstliche Chromosomen. Handel, Transport und Landwirtschaft verbreiteten zudem Organismen über die ganze Welt, die zuvor in einer Nische lebten. »Das werden Geologen der Zukunft auch in Versteinerungen sehen, die von unserer Zeit bleiben werden«, sagt Jan Zalasiewicz. Er leitet eine Arbeitsgruppe, die im Auftrag der ICS prüft, ob die vom Menschen verursachten Veränderungen den Kriterien für eine geologische Epoche genügen. »Wir müssen überzeugend darlegen können, dass die globalen Umweltveränderungen tiefgreifend genug sind, um eindeutig unterscheidbare Signale in den Bodenschichten zu hinterlassen, die sich heute und in Zukunft bilden.«

Viele Geologen jedoch können mit Aussagen über die Zukunft wenig anfangen, ihr Hauptmetier ist die Vergangenheit. Eine geologische Epoche anhand von Vorhersagen zu definieren sei nicht korrekt, findet der Vorsitzende der Internationalen Kommission für Stratigraphie, Stanley Finney von der California State Universität in Long Beach. Die ICS hat das letzte Wort bei Entscheidungen über geologische Zeitalter. Andere Geologen finden noch deutlichere Worte: »Die Einführung des Anthropozäns in die geologische Zeitskala würde wissenschaftlich eher Probleme schaffen als nützen«, meint etwa Manfred

Menning von der deutschen Kommission für Stratigraphie. Die Geologie müsste in der Folge ihre Kriterien der Erdzeitalter überprüfen. »Für die Einführung des Anthropozäns sind keine Realisierungschancen absehbar«, glaubt auch sein Kollege Stefan Wansa, Vorsitzender der Abteilung Quartär der Deutschen Stratigraphischen Kommission, die für die jüngste geologische Geschichte zuständig ist. »Die Befürworter des Anthropozäns müssen sich den Vorwurf gefallen lassen, mit den Regeln der Stratigraphie nicht hinreichend vertraut zu sein«, ergänzt er. Auch Finney glaubt nicht daran, dass die entscheidende geologische Schicht gefunden werden könnte: Menschliche Aktivitäten hätten sich weltweit nicht gleichzeitig im Boden niedergeschlagen, sagt der Vorsitzende der Internationalen Kommission für Stratigraphie. Manche Gegenden wie Amerika seien später kultiviert worden als andere wie etwa China oder der Nahe Osten.

Doch es gibt auch Geologen, die sehr wohl glauben, dass sich das Anthropozän nach den bestehenden Regeln der Disziplin rechtfertigen ließe. Die Geologische Gesellschaft von Amerika (GSA) nannte ihre Jahrestagung 2011 ganz selbstverständlich »Vom Archaikum zum Anthropozän«, und die Geologin Susan Trumbore, Direktorin am Max-Planck-Institut für Biogeochemie in Jena, sagt: »Das Anthropozän ist eine offensichtliche Realität, der Mensch hinterlässt fast überall eine Spur.« 21 von 22 Wissenschaftlern der Stratigraphie-Kommission der Geologischen Gesellschaft von London unterstützen es, dass die Anthropozän-Idee weiterverfolgt wird, meint der Brite Zalasiewic. Es werden bereits erste Vorschläge für die Grenzschicht zum Anthropozän diskutiert: Der Anstieg der Treibhausgase, der sich in Luftbläschen in Gletschern nachweisen lässt, wurde als Beweis für den Beginn der »Epoche Mensch« ins Spiel gebracht. Das Problem: Die Zunahme des Gasgehalts verlief nicht abrupt, sodass keine scharfe Grenzschicht zu erkennen ist.

Favoriten seien nun Erdschichten vom Beginn der Industrialisierung um 1800 und der Explosion der ersten Atombomben um 1945, erklärt Zalasiewicz. Beide Ereignisse haben sich mit Abgaspartikeln oder radioaktiven Substanzen im Boden niedergeschlagen. Ob sie den Kriterien der Stratigraphen genügten, müsse jedoch erst geprüft werden, räumt der Forscher ein. Die Schichten mit radioaktiven Partikeln kommen spät: Zum Zeitpunkt der Atombombenexplosionen hatte das Anthropozän der Meinung seiner Anhänger nach bereits begonnen. Und die Spuren der Industrialisierung finden sich zunächst nur in Europa. Eine scharfe weltweite Grenzziehung sei problematisch, resümiert Philip Gibbard, Experte für jüngere Erdgeschichte an der Universität von Cambridge. Von dem plötzlichen Beginn einer neuen Epoche könne keine Rede sein, meint auch Margot Böse von der Freien Universität Berlin: Seit der Steinzeit lasse sich der Einfluss des Menschen im Boden nachweisen. Doch diese Zeit werde längst als eigenes geologisches Zeitalter abgegrenzt, erläutert die Geoforscherin: Die letzten 12 000 Jahre markierten das Zeitalter des Holozäns. Dieses kennzeichne bereits den Einfluss des Menschen, gibt auch Brian Pitt von der Internationalen Kommission für Stratigraphie zu bedenken. Da bedürfe es keiner weiteren Bezeichnung. Diese müsse ja nicht für die Ewigkeit gelten, meint das Wissenschaftsmagazin *Nature*: Das Holozän könne doch einfach in Anthropozän umbenannt werden, forderte das renommierte Blatt in einem Editorial. Damit erledigte sich die Suche nach einer Grenzschicht, schließlich sei das Holozän bereits wissenschaftlich definiert.

Selbst Kritiker wie Stanley Finney räumen ein, dass der neue Begriff vom Anthropozän »hilfreich« sei. Finney schiebt das

Thema jedoch den Historikern zu: »Ist das Anthropozän nicht eher eine historische als eine geologische Epoche?« Historisch ließe sich der Beginn der Menschenzeit »auf ein Ereignis hin definieren« – ohne in Erdschichten nachgewiesen werden zu müssen.

Die Wirkung des Begriffs Anthropozän geht längst über die Wissenschaft hinaus. Viele, die sich mit der Wechselwirkung von Mensch und Umwelt befassen, nutzen ihn bereits so, als wäre er offiziell anerkannt. Im Anthropozän könnte der alte Gegensatz von Mensch und Natur zu Ende gehen, glauben Zalasiewicz und seine Kollegen. In Zukunft müsste es heißen: Mensch macht Natur.

Die Zivilisation hat zweifellos großen Einfluss, dennoch sind zahlreiche bedeutende Phänomene unseres Planeten kaum verstanden, wie die Geschichten dieses Buches gezeigt haben. Aber was sind die größten Rätsel? Ich habe Hunderte Geoforscher danach gefragt. Ihre Antworten liefern im letzten Kapitel eine Rangliste der größten Geheimnisse des Planeten.

## Epilog

# Die größten Rätsel der Erde

Bei der Erforschung der Erde kratzen Wissenschaftler buchstäblich an der Oberfläche. Bohrungen durchstießen lediglich ein Fünfhundertstel der Strecke zum Erdmittelpunkt; Druck und Hitze verhinderten bislang tiefere Vorstöße. Das 21. Jahrhundert könnte das Jahrhundert der Geoforschung werden, die größten Entdeckungen stehen wohl noch bevor. Welche Fragen halten Experten für die wichtigsten ihres Faches? 2009 habe ich 753 Wissenschaftler nach den größten Rätseln der Geoforschung befragt. 288 Experten aus Deutschland, Dänemark, Finnland, Großbritannien, Norwegen, Österreich, Schweden, der Schweiz und den USA haben geantwortet. Und das sind die Ergebnisse:

- **Platz 1:** Wie lassen sich Erdbeben vorhersagen? (20,8 Prozent der Stimmen)
- **Platz 2:** Welche Prozesse bestimmen das Klimageschehen? (19,8 Prozent)
- **Platz 3:** Wie ist das Leben auf der Erde entstanden? (10,4 Prozent)
- **Platz 4:** Welche Prozesse spielen sich im Inneren der Erde ab? (9,4 Prozent)

- **Platz 5:** Wie kann man die Menschheit in Zukunft umweltschonend mit Energie versorgen? (7,3 Prozent)
- **Platz 6:** Wie lassen sich Vulkanausbrüche vorhersagen? (6,2 Prozent)
- **Platz 7:** Wie sind die verbleibenden Rätsel der Plattentektonik zu erklären? (5,2 Prozent)
- **Platz 8:** Wie sah es in der Frühzeit der Erde auf dem Heimatplaneten aus? (3,6 Prozent; auf weitere 31 Themen entfielen jeweils unter 3 Prozent der Stimmen.)

Die Wissenschaftler blicken nicht nur mit Neugierde in die Zukunft: Die Erforschung der Erde würde gegenüber anderen Disziplinen benachteiligt, bemängelten sie – und forderten die Ausschreibung eines Nobelpreises für Geowissenschaften. Bislang wird der Nobelpreis nur für Physik, Chemie, Medizin, Literatur, Frieden und Ökonomie verliehen – eine gleichrangige Auszeichnung für Durchbrüche bei der Erforschung der Erde gibt es nicht. »Ich empfinde das als große Ungerechtigkeit«, schrieb mir etwa Marcia Bjørnerud, Geologieprofessorin an der Lawrence Universität in Appleton, Wisconsin. »Wir brauchen einen Nobelpreis«, meinte auch Paul Baker von der Duke Universität in Durham, North Carolina. »Selbst die Wirtschaftswissenschaftler haben einen.« Ein Nobelpreis würde der Geoforschung die Beachtung geben, die sie verdiene, sagte der Geologe Volker Lorenz von der Universität Würzburg. Themen wie Wasserknappheit, Rohstoffe, Umweltschutz oder Naturkatastrophen seien von immenser globaler Bedeutung.

Die Nobel-Stiftung in Stockholm aber wies den Vorstoß der Geoforscher zurück: »Die Direktoren haben entschieden, keine weiteren Nobelpreise zuzulassen«, erklärte das Nobel-Komitee auf meine Anfrage hin. Die Einführung des Wirtschaftspreises vor 41 Jahren solle die letzte Ergänzung im Preissortiment bleiben. Ihn hatte die Bank von Schweden 1968 anlässlich ihres dreihundertjährigen Bestehens gestiftet. Es war das bislang einzige Mal, dass den von Alfred Nobel im Jahr 1900 ausgeschriebenen fünf Auszeichnungen eine weitere hinzugefügt wurde.

Fächer wie Chemie und Physik profitieren vom Renommee der Auszeichnung. Nobelpreisträger wurden zu gefragten Botschaftern ihrer Disziplinen, den Geowissenschaften fehlen solche Idole. Die Politik des Komitees hatte bisher zur Folge, dass selbst die größten Durchbrüche beim Verständnis der Erde ohne Anerkennung auf höchster Ebene blieben. Dazu gehören:

- Die Entdeckung, dass Erdplatten über den Planeten driften. Erst die Plattentektonik kann Phänomene wie Erdbeben, Vulkane oder die Bildung von Rohstoffen und Gebirgen schlüssig erklären.
- Die Einsicht, dass der Mensch die Luft mit Treibhausgasen aufheizt.
- Die Entdeckung des globalen Förderbandes der Meeresströme, zu dem der Golfstrom gehört.
- Das Aufspüren von Atomen, die es erlauben, das Alter von Fossilien und Mineralien zu bestimmen.

»Wie wäre es«, fragte Reinhard Hüttl, Vorstandschef des Helmholtz-Zentrums Potsdam, »wenn wir die Erde wirklich verstünden?« Vor Naturkatastrophen könnte gewarnt werden, Folgen von Umweltveränderungen ließen sich abschätzen, der Bedarf an Energien und Rohstoffen könnte besser bedient werden,

Probleme bei Ernährung oder Schadstoffentsorgung wären lösbar. Ähnlich äußerte sich Wolfgang Jacoby, Geophysiker an der Universität Mainz: »Mensch und Erde bilden schließlich eine Schicksalsgemeinschaft.«

## Literatur


**Kapitel 1**

Doubrovine, P. V. et al.: »Absolute plate motions in a reference frame defined by moving hotspots in the Pacific, Atlantic and Indian oceans«, *Journal of Geophysical Research* (2012), B09101.

Maloof, A. et al.: »Combined paleomagnetic, isotopic, and stratigraphic evidence for true polar wander from the Neoproterozoic Akademikerbreen Group, Svalbard, Norway«, *GSA Bulletin* (2006), S. 1099–1124.

Steinberger, B., Torsvik, T. H.: »Absolute plate motions and true polar wander in the absence of hotspot tracks«, *Nature* 452 (2008), S. 620–623.

**Kapitel 2**

Gubbins, D.: »Fall in Earth's Magnetic Field is Erratic«, *Science* 312 (2006), S. 900.

**Kapitel 3**

Kurrle, D., Widmer-Schnidrig, R.: »The horizontal hum of the Earth: A global background of spheroidal and toroidal modes«, *Geophysical Research Letters* 35 (2008), L06304.

Poli, P. et al.: »Body-Wave Imaging of Earth's Mantle Discontinuities from Ambient Seismic Noise«, *Science* 338 (2012), S. 1063–1065.

Schaff, D.: »Placing an Upper Bound on Preseismic Velocity Changes Measured by Ambient Noise Monitoring for the 2004 Mw 6.0 Parkfield Earthquake«, *Bulletin of the Seismological Society of America* 102 (2012), S. 1400–1416.

**Kapitel 4**

Colwell, F. et al.: »Delving into the Deep Biosphere«, AGU Fall Meeting 2013.

Hinrichs, K.-U.: »Microbial Life below the Seafloor«, AGU Fall Meeting 2013.

Smith, A.: »A Comparison of Microbial Communities from Deep Igneous Crust«, AGU Fall Meeting 2013.

Sogin, M. et al.: »Deep Subsurface Microbiology and the Deep Carbon Observatory«, DCO Deep Life Workshop 2010.

**Kapitel 5**

Pope, E. et al.: »Isotope composition and volume of Earth's early oceans«, *Proceedings of the National Academy of Sciences* (2012), doi:10.1073/pnas.1115705109.

Smith, C., McDonald, C.: »Is the Earth getting lighter?«, Cambridge University/BBC (2012).

**Kapitel 6**

Buchwitz, M., Reuter, M.: »Ten years of satellite observations of greenhouse gases ($CO_2$ and methane)«, ESA (2013).

»European Space Agency Living Planet Symposium«, Edinburgh 2013.

**Kapitel 7**

Haslett, S. et al.: »Meteo-tsunami hazard associated with summer thunderstorms in the United Kingdom«, *Physics and Chemistry of the Earth* (2009), S. 1016–1022.

Monserrat, S. et al.: »Meteotsunamis: atmospherically induced destructive ocean waves in the tsunami frequency band«, *Natural Hazards and Earth System Sciences* 6 (2006), S. 1035.

Ranguelov, B. et al.: »The nonseismic tsunami observed in the Bulgarian Black Sea on 7 May 2007: Was it due to a submarine landslide?«, *Geophysical Research Letters* 35, L18613, doi:10.1029/2008GL034905.

Tappin, D.: »Tsunami or meteotsunami?/South West England, June 2011«, British Geological Survey (2012).

»Underwater landslide likely cause of ›mild tsunami‹«, BBC (2012), http://www.bbc.co.uk/news/uk-england-devon-13955321.

Vilibic, I. et al.: »Possible atmospheric origin of the 7 May 2007 western Black Sea shelf tsunami event«, *Journal of Geophysical Research* 115 (2010), C07006, doi:10.1029/2009JC005904.

**Kapitel 8**

Benjamin, T., Feir, J.: »The disintegration of wave trains on deep water Part 1. Theory«, *Journal of Fluid Mechanics* 27 (1967), S. 417.
Eliasson, B., Shukla, P.: »Instability and Nonlinear Evolution of Narrow-Band Directional Ocean Waves«, *Physical Review Letters* 104 (2010), doi:101103.
Janssen, P. et al.: »On the extreme statistics of long-crested deep water waves: Theory and experiments«, *Journal of Geophysical Research* 112 (2007), doi:10.1029/2006JC004024.
Lehner, S. et al.: »TERRASAR-X Measurements of Wind Fields, Ocean Waves and Currents«, SeaSAR (2008), S. 1–5.
Lehner, S. et al.: »First results on the use of TerraSAR-X data for oceanographic applications«, IEEE International Geoscience and Remote Sensing Symposium (2008).
Nikolkina, I., Didenkulova, I.: »Rogue waves in 2006–2010«, *Natural Hazards Earth System Sciences* 11 (2011), S. 2913.
Rosenthal, W., Lehner, S.: »Rogue Waves: Results of the MaxWave Project«, *Journal of Offshore Mechanics and Artic Engineering* 130/2 (2007), S. 21006, doi:10.1115/1.2918126.

**Kapitel 9**

Feldens, P., Schwarzer, K.: »The Ancylus Lake stage of the Baltic Sea in Fehmarn Belt: Indications of a new threshold?«, *Continental Shelf Research* 35 (2012), S. 43, doi:10.1016/j.csr.2011.12.007.

**Kapitel 10**

Abe-Ouchi, A. et al.: »Insolation-driven 100,000-year glacial cycles and hysteresis of ice-sheet volume«, *Nature* 500 (2013), S. 190.
Lisiecki, L.: »Links between eccentricity forcing and the 100,000-year glacial cycle«, *Nature Geoscience* 3 (2010), S. 349.
Ruddiman, W.: »Orbital changes and climate«, *Quaternary Science Reviews* 25 (2006), S. 3092.

**Kapitel 11**

Friedrich, A.: »In Deutschland sind ›Grüne Weihnachten‹ meist die Regel«, Deutscher Wetterdienst (2013).

Müller-Westermeier, G.: *Wetter und Klima in Deutschland,* Stuttgart 2006.

Rebetez, M.: »Public expectation as an element of human perception of climate change«, *Climatic Change* 32/4 (1996), S. 495.

**Kapitel 12**

Feulner, G. et al.: »Why is the Northern Hemisphere warmer than the Southern Hemisphere?«, *Geophysical Research Abstracts* 15 (2013), EGU General Assembly (EGU2013-8172).

Kang, S. M. et al.: »Croll Revisited: Why is the Northern Hemisphere Warmer than the Southern Hemisphere?«, *Climate Dynamics* (2013).

**Kapitel 13**

El Fadli, K. I. et al.: »World Meteorological Organization Assessment of the Purported World Record 58°C Temperature Extreme at El Azizia, Libya (13 September 1922)«, *Bulletin of the American Meteorological Society* 94 (2013), S. 199.

Mildrexler, D. et al.: »Satellite Finds Highest Land Skin Temperatures on Earth«, *Bulletin of the American Meteorological Society* 92 (2011), S. 855.

Mildrexler, D. et al.: »Where are the hottest spots on Earth?«, *Eos Transactions* 87 (2006), S. 461.

**Kapitel 14**

Frey, H. et al.: »A multi level strategy for anticipating future glacier lake formation and associated hazard potentials«, *Natural Hazards and Earth System Science* 10 (2010), S. 339.

Haeberli, W. et al.: »Vanishing glaciers, degrading permafrost, new lakes and increasing probability of extreme floods from impact waves – a need for long-term risk reduction concerning high-mountain regions«, *Geophysical Research Abstracts* 15 (2013), EGU General Assembly (EGU2013-3273).

**Kapitel 15**

Plan, L. et al.: »Neotectonic extrusion of the Eastern Alps: Constraints from U/Th dating of tectonically damaged speleothems«, *Geology* 38 (2010), S. 483.

**Kapitel 16**

Clouard, V., Gerbault, M.: »Break-up spots: could the Pacific open as a consequence of plate kinematics?«, *Earth Planetary Science Letters* 265 (2008), S. 195.

Duarte, J. et al.: »Are subduction zones invading the Atlantic? Evidence from the southwest Iberia margin«, *Geology* (2013), doi:10.1130/G34100.1.

Franke, D.: »Margin segmentation and volcano-tectonic architecture along the volcanic margin off Argentina/Uruguay, South Atlantic«, *Marine Geology* 244/1 (2007), S. 46.

**Kapitel 17**

Briggs, R. et al.: »Persistent elastic behavior above a megathrust rupture patch: Nias island, West Sumatra«, *Journal of Geophysical Research* 113 (2008).

Gagan, M. K., et al.: »The Indian Ocean Dipole and great earthquake cycle: Long-term perspectives for improved prediction«, *Geochimica et Cosmochimica Acta* 72 (2008), A288.

Konca, A. O. et al.: »Partial rupture of a locked patch of the Sumatra megathrust during the 2007 earthquake sequence«, *Nature* 456 (2008), S. 631.

Main, I. et al.: »Effect of the Sumatran mega-earthquake on the global magnitude cut-off and event rate«, *Nature Geoscience* 1/3 (2008), S. 142.

McCloskey, J., Nalbant, S.: »Near-real-time aftershock hazard maps«, *Nature Geoscience* 2/3 (2009), S. 154.

McCloskey, J. et al.: »Tsunami threat in the Indian Ocean from a future megathrust earthquake west of Sumatra«, *Earth And Planetary Science Letters* 265/1–2 (2008), S. 61.

Naylor, M. et al.: »Statistical evaluation of characteristic earthquakes in the frequency-magnitude distributions of Sumatra and other subduction zone regions«, *Geophysical Research Letters* 36 (2009), L20303.

Sieh, K. et al.: »Earthquake supercycles inferred from sea-level changes recorded in the corals of West Sumatra«, *Science* 208 (2008), S. 1674.
Sieh, K.: »Tsunami threat in the Indian Ocean from a future megathrust earthquake west of Sumatra«, *Earth and Planetary Science Letters* 65 (2008), S. 61.

**Kapitel 18**

Bhat, H. et al.: »Off-fault damage patterns due to supershear ruptures with application to the 2001 Mw 8.1 Kokoxili (Kunlun) Tibet earthquake«, *Journal of Geophysical Research* 112 (2007), S. B06301.
Das, S., Searle, M. P.: »Earthquake supershear rupture speeds«, *Tectonophysics* 493 (2010), S. 236.
Das, S.: »The need to study speed«, *Science* 317 (2007), S. 905.
Dunham, E. M., Bhat, H.: »Attenuation of radiated ground motion and stresses from three-dimensional supershear ruptures«, *Journal of Geophysical Research* 113 (2008), B08319.
Dunham, E. M.: »Conditions governing the occurrence of supershear ruptures under slip-weakening friction«, *Journal of Geophysical Research* 112 (2007), B07302.
Noda, H. et al.: »Earthquake ruptures with thermal weakening and the operation of major faults at low overall stress levels«, *Journal of Geophysical Research* 114 (2008), B07302.
Wang, D., Mori, J.: »The 2010 Qinghai, China, Earthquake: A Moderate Earthquake with Supershear Rupture«, *Bulletin of the Seismological Society of America* 102 (2012), S. 301.

**Kapitel 19**

Hinzen, K.-G.: »Seismic Surveillance of Cologne Cathedral«, *Seismological Research Letters* 83 (2012), S. 9.

**Kapitel 20**

Ashley, W. et al.: »Vulnerability due to Nocturnal Tornadoes«, *Weather and Forecasting* 23 (2008), S. 795.

**Kapitel 21**

Ackerman, S., Knox, J.: *Meteorology*, Burlington, MA, 2013.
»Gewitterschutz«, wetterspiegel.de, Lexikoneinträge (2014).
National Oceanic and Atmospheric Administration, »Thunderstorms, Tornadoes, Lightning «, U.S. Department of Commerce (2014).
Thern, S.: »Blids, Blitzinformationsdienst von Siemens«, Siemens AG (2012).
Uman, M.: *Lightning* (Dover Books on Physics), Mineola, NY, 2011.
Zack, F.: »Bis zu 1000 Verletzte pro Jahr: Rostocker Rechtsmediziner warnt vor unterschätzten Blitzschlägen«, Universität Rostock (2011).

**Kapitel 22**

Buchner, K., Wanka, E.: »Das Problem der Wetterfühligkeit«, *promet* 33 (2007), S. 133.
Delyukov A., Didyk L.: »The effects of extra-low-frequency atmospheric pressure oscillations on human mental activity«, *International Journal Biometeorol* 43 (1999), S. 31.
Deutscher Wetterdienst: »Bioklima«, http://www.dwd.de/bvbw/appmanager/bvbw/dwdwwwDesktop?_nfpb=true&_pageLabel=_dwdwww_wetter_warnungen_biowetter&T95200756931195565665457gsbDocumentPath=BEA__Navigation%2FWetter__Warnungen%2FBiowetter.html%3F__nnn%3Dtrue.
Goerre, S. et al.: »Impact of weather and climate on the incidence of acute coronary syndromes«, *International Journal of Cardiology* 118/1 (2007), S. 36.
Höppe, P. et al.: »Prävalenz von Wetterfühligkeit in Deutschland«, *Deutsche Medizinische Wochenschrift* 127 (2002), S. 15.
Walach, H. et al.: »Hat das Wetter Einfluss auf Kopfschmerzen: Eine Evaluation der Biowetterklassifikation«, *Der Schmerz* 16 (2002), S. 1.

**Kapitel 23**

Brandona, A., Walkerb, R.: »The debate over core–mantle interaction«, *Earth and Planetary Science Letters* 232 (2005), S. 211.
Hansen, U., Stemmer, K.: »Dynamical Generation of the Transition Zone in the Earth's Mantle«, American Geophysical Union, Fall Meeting (2005).
Hansen, U. et al.: »The Dynamics of Layer Formation in the Earth's Mantle«, American Geophysical Union, Fall Meeting (2004).

Humayun, M. et al.: »Geochemical Evidence for Excess Iron in the Mantle Beneath Hawaii«, *Science* 306 (2004), S. 91.
Li, M., McNamara, A.: »The difficulty for subducted oceanic crust to accumulate at the Earth's core-mantle boundary«, *Journal of Geophysical Research* 118 (2013), S. 1807.
Ross, A. et al.: »Reflection seismic profiles of the core-mantle boundary«, *Journal of Geophysical Research* 109 (2004), doi:10.1029/2003JB002515.
Thomas, C. et al.: »High-resolution imaging of lowermost mantle structure under the Cocos plate«, *Solid Earth* 109 (2004), doi:10.1029/2004JB003013.
Wang, Y., Wen, L.: »Mapping the geometry and geographic distribution of a very low velocity province at the base of the Earth's mantle«, *Journal of Geophysical Research* 109 (2004), doi:10.1029/2003JB002674.
Wookey, J.: »Efficacy of the post-perovskite phase as an explanation for lowermost-mantle seismic properties«, *Nature* 438 (2005), S. 1004.
Wysession, M. E., Lawrence, J. F.: »Imaging the East Asian lower mantle water anomaly«, American Geophysical Union, AGU Fall Meeting (2005).
Wysession, M., Solomatov, S.: »Geophysics: Double-crossed again«, *Nature* 434 (2005), S. 834.

**Kapitel 24**

Druitt, T. et al.: »Decadal to monthly timescales of magma transfer and reservoir growth at a caldera volcano«, *Nature* 482 (2012), S. 77.
Jay, J.: »Shallow seismicity, triggered seismicity, and ambient noise tomography at the long-dormant Uturuncu Volcano, Bolivia«, *Bulletin of Volcanology* 74 (2012), S. 817.

**Kapitel 25**

Crowley, T., Unterman, M.: »Technical details concerning development of a 1200-yr proxy index for global volcanism«, *Earth System Sciences Data Discussions* 5 (2012), S. 1, doi:10.5194/essdd-5-1-2012.
Lavigne, F. et al.: »Source of the great A.D. 1257 mystery eruption unveiled, Samalas volcano, Rinjani Volcanic Complex, Indonesia«, *Proceedings of the National Academy of Sciences* (2013), doi:10.1073/pnas.1307520110.

Mann, M. et al.: »Underestimation of volcanic cooling in tree-ring-based reconstructions of hemispheric temperatures«, *Nature Geoscience* 5 (2012), S. 202, doi:10.1038/ngeo1394.
Miller, G. et al.: »Abrupt onset of the Little Ice Age triggered by volcanism and sustained by sea-ice/ocean feedbacks«, *Geophysical Research Letters* 39 (2012), L02708, S. 1.
Timmreck, C.: »Limited temperature response to the very large AD 1258 volcanic eruption«, *Geophysical Research Letters* 36 (2009), doi:10.1029/2009GL040083.
Timmreck, C.: »Understanding the Climate Signal of the 1258 Eruption«, *Geophysical Research Abstracts* 10 (2008), EGU General Assembly (EGU2008-A-08240).

**Kapitel 26**

Baxter P. er al.: »Emergency planning and mitigation at Vesuvius: A new evidence-based approach«, *Journal of Volcanology and Geothermal Research* 178 (2008), S. 454, doi:10.1016/j.jvolgeores.2008.08.015 (1).
Esposti Ongaro, T. et al.: »Transient 3D numerical simulations of column collapse and pyroclastic density current scenarios at Vesuvius«, *Journal of Volcanology and Geothermal Research* 178/3, S. 378, doi:10.1016/j.jvolgeores.2008.06.036.
Guest, J. et al.: »Volcanoes of Southern Italy«, *The Geological Society* (2003), S. 25.
Neri, A.: »4D simulation of explosive eruption dynamics at Vesuvius«, *Geophysical Research Letters* 34 (2007), doi:10.1029/2006GL028597.
Neri, A. et al.: »Developing an Event Tree for Probabilistic Hazard and Risk Assessment at Vesuvius«, *Journal of Volcanology and Geothermal Research* 178, S. 397, doi:10.1016/j.jvolgeores.2008.05.014.
Sigurdsson, H.: »Mount Vesuvius before the Disaster«, The Press Syndicate of the University of Cambridge (2002), S. 29–36.

**Kapitel 27**

Gasperini, L.: »A possible impact crater for the 1908 Tunguska Event«, *Terra Nova* 19 (2007), S. 245, doi:10.1111/j.1365-3121.2007.00742.x.
Kundt, W.: »Tunguska 1908«, *Chinese Journal of Astronomy and Astrophysics* 3 (2003), S. 545.

Phipps Morgan, J. et al.: »Contemporaneous mass extinctions, continental flood basalts, and ›impact signals‹: are mantle plume-induced lithospheric gas explosions the causal link?«, *Earth Planetary Science Letters* 217 (2004), S. 263.
Rubtsov, V.: *The Tunguska Mystery*, Heidelberg 2009.
Vannucci, P. et al.: »Was the Tunguska 1908 event a late byproduct of a Permo-Triassic Verneshot?«, American Geophysical Union, AGU Fall Meeting (2010).

**Kapitel 28**

Cramer, M., Barger, N.: »Are Namibian ›Fairy Circles‹ the Consequence of Self-Organizing Spatial Vegetation Patterning?«, *Plos One* (2013), doi:10.1371/journal.pone.0070876.
Jürgens, N.: »The Biological Underpinnings of Namib Desert Fairy Circles«, *Science* 339 (2013), S. 1618, doi:10.1126/science.1222999.
Tschinkel, W.: »The Life Cycle and Life Span of Namibian Fairy Circles«, *Plos One* (2012), doi:10.1371/journal.pone.0038056.

**Kapitel 29**

Quade, J. et al.: »Seismicity And The Strange Rubbing Boulders Of The Atacama Desert, Northern Chile«, Geological Society of America, *Abstract of the Annual Meeting* 43 (2011),S. 385.

**Kapitel 30**

Smith, A. et al.: »Rapid erosion, drumlin formation, and changing hydrology beneath an Antarctic ice stream«, *Geology* 35 (2007), S. 127, doi:10.1130/G23036A.1.

**Kapitel 31**

Badewien, T.: »Towards continuous long-term measurements of suspended particulate matter (SPM) in turbid coastal waters«, *Ocean dynamics* 59 (2009), S. 227–238.
Rullkötter, J.: »Messtation Spiekeroog«, http://www.icbm.de/messstation.

**Kapitel 32**

Brunner, K.: »Das gefälschte Bild der Erde. Geheimhaltung und Verfälschung von Karten im 20. Jahrhundert«, Tagung der Prof. Dr. Frithjof Voss Stiftung für Geographie, Berlin (2008).

Monmonier, M.: *How to Lie with Maps,* Chicago, IL 1996.

**Kapitel 33**

Petley, L.: »Global patterns of loss of life from landslides«, *Geology* (2012), doi:10.1130/G33217.1.

Tormey, D.: »Managing the effects of accelerated glacial melting on volcanic collapse and debris flows: Planchon-Peteroa Volcano, Southern Andes«, *Global and Planetary Change* 74 (2010), S. 82.

**Kapitel 34**

Bayerisches Landesamt für Umwelt: »Georisiken«, Augsburg 2010.

Prinz, H., Strauß, R.: *Abriss der Ingenieurgeologie,* Heidelberg 2006.

Voigtsberger, H. (Hg.): »Jahresbericht 2009 der Bergbehörden des Landes Nordrhein-Westfalen«, Ministerium für Wirtschaft, Energie, Bauen, Wohnen und Verkehr des Landes Nordrhein-Westfalen (2009).

**Kapitel 35**

Hahne, K.: »Detection of land subsidence in Semarang/Indonesia using persistent scatterer interferometry (PSI)«, Bundesanstalt für Geowissenschaften und Rohstoffe (2009).

Visser, K.: »Inversion of surface subsidence data for detection of undepleted reservoir compartments: a field study«, European Geosciences Union, General Assembly (2009).

**Kapitel 36**

British Geological Survey: »Fracking and Earthquake Hazard«, http://earthquakes.bgs.ac.uk/research/earthquake_hazard_shale_gas.html.

Sauter, M. et al.: »Assessment of the impact of fracking operations on the freshwater quaternary aquifers in the Münsterland and Lower Saxony Basin – Approach and Hydrogeological Settings«, 73. Jahrestagung der Deutschen Geophysikalischen Gesellschaft (DGG), Leipzig (2013).

Sauter, M. et al.: »Abschätzung der Auswirkungen von Fracking-Maßnahmen auf quartäre Grundwasserleiter«, Präsentation vom 6. Arbeitstreffen des Arbeitskreises der gesellschaftlichen Akteure (2012).
US Geological Survey: »Hydraulic Fracturing«, http://energy.usgs.gov/OilGas/UnconventionalOilGas/HydraulicFracturing.aspx.
US Geological Survey: »Man-Made Earthquakes Update«, http://www.usgs.gov/blogs/features/usgs_top_story/man-made-earthquakes.

**Kapitel 37**

»Archean to Anthropocene: The past is the key to the future«, Geological Society of America, Annual Meeting, Minneapolis (2011).
Crutzen, P.: »Geology of mankind«, Nature 415 (2002), doi:10.1038/415023a.
»The human epoch« (*Nature*-Editorial), *Nature* 473 (2011), S. 254, doi:10.1038/473254a.
Schwägerl, C.: *Menschenzeit: Zerstören oder gestalten? Die entscheidende Epoche unseres Planeten,* München 2010.
Zalasiewicz, J. et al.: »Stratigraphy of the Anthropocene«, *Philosophical Transations of the Royal Society* 369 (2011), S. 1036, doi:10.1098/rsta.2010.0315.

## Dank

Für die Unterstützung bei diesem Buch danke ich sehr herzlich:

Rüdiger Ditz, Julia Hoffmann, Stefan Mayr, Angelika Mette,
Eva Profousová, Christian Schwägerl, Antje Wallasch

und meiner Familie:
Alessio, Burkhard, Dietmar, Ilse, Jochen, Maike, Mama, Misia,
Papa, Sasha, Siegfried, Ulli.